数学

数学的园地

太好玩了!

刘薰宇 著

陕西师范大学出版总社

图书代号：JY22N0030

图书在版编目（CIP）数据

数学太好玩了！：大数学家教孩子这样解题．数学的园地 / 刘薰宇著．—西安：陕西师范大学出版总社有限公司，2022.2

ISBN 978-7-5695-2441-3

Ⅰ.①数…　Ⅱ.①刘…　Ⅲ.①数学－青少年读物　Ⅳ.① 01-49

中国版本图书馆 CIP 数据核字（2021）第 180939 号

数学太好玩了！大数学家教孩子这样解题
SHUXUE TAI HAOWAN LE! DA SHUXUEJIA JIAO HAIZI ZHEYANG JIETI

刘薰宇　著

出 版 人	刘东风
责任编辑	高　歌
特约编辑	贺云娇
责任校对	张　佩
封面设计	王　鑫
出版发行	陕西师范大学出版总社
	（西安市长安南路 199 号　邮编 710062）
网　　址	http://www.snupg.com
印　　刷	大厂回族自治县德诚印务有限公司
开　　本	787mm×1092mm　　1/16
印　　张	7
字　　数	75 千
版　　次	2022 年 2 月第 1 版
印　　次	2022 年 2 月第 1 次印刷
书　　号	ISBN 978-7-5695-2441-3
定　　价	99.00 元（全三册）

出版说明

刘薰宇（1896—1967），著名数学家、教育家。贵州贵阳人。新中国成立后，曾任贵阳中学校长，贵阳人大代表、政协委员。1951 年调入人民教育出版社任副总编辑，主持、审定并编写了新中国中小学数学教材。他首创我国"趣味数学"，著有《数学的园地》、《马先生谈算学》、《数学趣味》、《文章作法》（与夏丏尊合著）等，编有《初中代数》《解析几何》《因数与因式》《因式分解》等数学普及读物。

刘先生一生治学严谨，勤于著述，其在数学方面的研究也影响了杨振宁、丰子恺、谷超豪等诸位大师，至今仍闪耀着智慧的光芒。《数学的园地》（1933 年）、《马先生谈算学》（1942 年）、《数学趣味》（1963 年）堪称他在这方面的代表作。

　　这三本书因成书时间距现在年代久远，书中很多表述、专有名词等与现代通用表述差异较大，如"等速运动"现叫作"匀速运动"，"升函数"现叫作"正比例函数"，等等。为尊重作者起见，本套书尽量保留原著风貌，仅将明显错漏之处予以改正，其余内容，如概念、称谓以及在当时的时代背景下对部分物件所做的描述等，均不做改动。

目 录

一、第一步

我们来开始讲正文吧，先从一个极平常的例子说起。

假如，我和你两个人同乘一列火车去旅行，在车里非常寂寞，不凑巧我们既不是诗人，不能从那些经过车窗往后飞奔的田野、树木汲取什么"烟士披里纯"[1]，我们也不是画家，能够在刹那感受到自然界色相的美。我们只有枯坐了会觉得那车子走得很慢，真到不耐烦的时候，也许竟会感到比我们自己步行还慢。但这全是主观的，就是同

---

[1] 出自徐志摩的一首诗《草上的露珠儿》，是英语 inspiration 的音译，也就是灵感的意思。

样地以为它走得太慢，我们所感到的慢的程度也不一定相等。我们只管诅咒车子跑得不快，车子一定不肯甘休，要我们拿出证据来，这一下子有事做了，我们两个人就来测量它的速度。

你立在车窗前数那铁路旁边的电线杆——假定它们每两根的距离是相等的，而且我们已经知道了时间——我看着我的表。当你看见第一根电线杆的时候，你立刻叫出"1"来，我就注意我表上的秒针在什么地方。你数到一个数要停止的时候，又将那数叫出，我再看我表上的秒针指什么地方。这样屈指一算，就可以得出这火车的速度。假如得出来的是每分钟走 1 公里，那么 60 分钟，就是 1 小时，这火车要走 60 公里，火车的速度就是每小时 60 公里。无论怎样，我们都不好说它太慢了。同样地，若是我们知道：一个人 12 秒钟可以跑 100 米，一匹马 30 分钟能跑 15 公里，我们也可以将这个人每秒钟的或这匹马每小时的速度算出来。

这你觉得很容易，是不是？但你真要做得对，就是说，真要得出那火车或人的精确的速度来，实际却很难。比如你换另一个方法，先只注意火车或人从地上的某一点跑到某一点要多长时间，然后用卷尺去量那两点的距离，再计算他们的速度，就多半不会相同。火车每小时走 60 公里，人每 12 秒钟可跑 100 米。也许火车走 60 公里只要 $59\frac{3}{10}$ 分，人跑 100 米不过 $11\frac{3}{5}$ 秒。你只要有足够的耐心，你尽可以去测几十次或一百次，你一定可以看出来，没有几次的得数是全然相同的。所以速度的测法，说起来简便，做起来那就不容易了。你测了一百次，说不一定没有一次是对的。但这一点儿关系也没有，即使一百次中有一次是对的，你也没有法子知道究竟是哪一次。归根结底，我们不得不稳妥地说，只能测到"相近"的数。

说到"相近"，也有程度的不同，用的器械——时表[1]、尺子——越精良，"相近"的程度就越高，反过来误差就越大。用极精密的电子表测量时间，误差可以小于百分之一秒。我们可以想象，假如将它弄得更精密些，可以使误差小于千分之一秒，或者还要小些。但无论怎样小，要使这误差没有，却很难做到了！

同样地，我们对于一切运动的测量，也只能得相近的数。第一，自然是因为要测运动，总得测那种运动所经过的距离和花费的时间，而这距离和时间的测量就只能得到相近的数。还不只这样，运动本身也是变动的。

假定一列火车由一个速度变到另一个较大的速度，就是变得更快一些，它绝不能突然就由前一个跳到第二个。那么，在这两个速度当中，有多少不同的中间速度呢？这个数，老实说，是无限的呀！而我们的测量方法，却只容许我们计算出一个有限的数来。我们计算的时候，时间的单位取得越小，所得的结果自然越和真实的速度相近。但无论用一秒钟做单位或十分之一秒钟做单位，在相邻的两秒钟或两个十分之一秒钟中，常常总有无限的中间速度。

———————————

[1] 怀表。

能够确切认知的速度原是抽象的！

这个抽象的速度只存在于我们的想象中。

这个抽象的速度，我们能够理会，却不能从经验中得到。在一些我们能测量得到的速度中，可以有无限的中间速度存在。既然我们已经知道所测得的速度不精确，为什么又要用它？这不是在欺骗自己吗？

为了安抚我们低落的情绪及填补这个缺陷，需要一个理论上的精确的数和一个容许计算到无限制的相近数的理论。顺应这个需要，人们就发现了微积分。

哈哈！微积分的发现是一件很有趣味的事。英国的牛顿和德国的莱布尼茨差不多在同一时间发现了微积分，弄得英国人认为微积分是他们的恩赐，德国人也认为这是他们的礼物，各人自负着。其实呢，牛顿是从运动上研究出来的，而莱布尼茨却是从几何上出发的，不过殊途同归罢了。这个原理的发现，真是功德无量，现在数学园地中的大部分建筑都用它当台柱，物理园地的飞黄腾达也全倚仗它。这个发现已有两百年了，它对于我们的科学思想着实有巨大的影响。就是说，假使微积分的原理还没有发现，现在所谓的文明，一定不是这样辉煌，这绝不是夸张的话！

二、速度

　　朋友，你留神过吗？当你舒舒服服地坐着，因为有什么事要走开的时候，你站起来后走的前几步一定比较慢，然后才渐渐地加快。将要到达你的目的地时，你又会慢起来。自然这是一般的情形，赛跑就是例外。那些运动员在赛跑的时候，因为被奖品冲昏了头脑，就是已到了终点，还是玩命地跑。不过这时的终点，只是对"奖品到手"的一声叫喊。他们真要停住，总得慢跑几步，不然就得要人来搀扶，否则只好跌倒在地上。这种行动的原则，简直是自然界的法则，不只是你我知道，你去看狗跑、看鸟飞、看鱼游。

　　还是说火车吧！一列火车初离站台的时候，行驶得多么平稳、多么缓慢，后来它的速度却渐渐快了起来，在长而直的轨道上奔驰[1]。快要到站的时候，它的速度又渐渐减小了，后来才停止在站台边。记好这个速度变化的情况，假使经过两个半小时，火车一共走了 125 公里。要问这火车的速度是什么，你怎样回答呢？

我们看见了每一瞬间都在变化的速度，那在某路线上的一列车的速度，我们能说出来吗？能全凭旅行人的迟钝的测量回答吗？

再举一例，然后来讲明速度的意义。

用一块平滑的木板，在上面挖一条光滑的长槽，槽边上刻好厘米、分米和米各种刻度。把一个光滑的小球放在木槽的一端，让它自己向前滚出去，看着时表，注意这小球过 1 米、2 米、3 米的时间，假设正好是 1 秒、2 秒和 3 秒。

这小球的速度是什么呢？

在这种简单的情形中，这问题很容易回答：它的速度在 3 米的路上总是一样的，每秒钟 1 米。

在这种情形下，我们说这速度是一个常数。而这种运动，我们称它是"等速运动"[2]。

一个人骑自行车在一条直路上走，若是等速运动，那么它的速度就是常数。我们测得他 8 秒钟共走了 40 米，这样，他的速度便是每

---

[1] 注意：轨道弯曲的地方，它是不能过快的。
[2] 物理学用语，也称均速运动。

秒钟 5 米。

关于等速运动，如这里所举出的球的运动、自行车的运动，或其他相似的运动，要计算它们的速度，这比较容易。只要考察运动所经过的时间和通过的距离，用所得的时间去除所得的距离，就能够得出来。3 秒钟走 3 米，速度每秒钟 1 米；8 秒钟走 40 米，速度每秒钟 5 米。

再用我们的球来试速度不是常数的情形。

把球"掷"到槽上，也让它自己"就势"滚出去，我们可以看出，它越滚越慢，假设在 5 米处停止了，一共经过 10 秒钟。

这速度的变化是这样：前半段的速度比在半路的大，后半段的速度却渐渐减小了，到了终点便等于 0。

我们来推究一下，这样的速度，是不是和等速运动一样是一个常数？

我们说，它 10 秒钟走过 5 米，倘若它是等速运动，那么它的速度就是每秒钟 $\frac{5}{10}$ 或 $\frac{1}{2}$ 米。但是，我们明明可以看出来，它不是等速运动，所以我们说每秒钟 $\frac{1}{2}$ 米是它的"平均速度"。

实际上，这球的速度先是比每秒钟 $\frac{1}{2}$ 米大，中间有个时候和它相等，以后就比它小了。假如另外有个球，一直都用这个平均速度运动，它经过 10 秒钟，也是停止在 5 米的地方。

看过这种情形后，我们再来答复前面关于火车的速度的问题："假使经过两个半小时，火车一共走了 125 公里，这火车的速度是什么？"

因为这火车不是等速运动，我们只能算出它的平均速度来。它两个半小时一共走了 125 公里，我们说，它的平均速度在那条路上是每小时 $\frac{125 \times 2}{5}$ 公里，也就是每小时 50 公里。

我们来想象，当火车从车站开动的时候，同时有一辆汽车也开动，而且就是沿着那火车的轨道走，不过它的速度总不变，一直是每小时 50 公里。起初汽车在火车的前面，后来被火车追上来，最后，它们却同时到达停车的站点。这就是说，它们都是两个半小时一共走了 125 公里，所以每小时 50 公里是汽车的真速度，却是火车的平均速度。

通常，若知道了一种运动的平均速度和它所经过的时间，我们就能够计算出它所通过的路程。那两个半小时一共走了 125 公里的火车，它有一个每小时 50 公里的平均速度。倘若它夜间开始走，从我们的时表上看去，一共走了七个小时，我们就可计算出它大约走了 350 公里。

但是这个说法，实在太粗疏了！只是给了一个总集的测量，忽略了它沿路的运动情形。那么，还有什么方法可以更好地知道那火车的真速度呢？

倘若我们再有一次新的火车旅行，我们能够从铁路旁边立着的电线杆上看出公里数，又能够从时表上看到火车所行走的时间。每走 1 公里所要的时间，我们都记下来，一直记到 125 次，我们就可以得出 125 个平均速度。这些平均速度自然全不相同，我们可以说，现在对于那火车的运动的认识是很详细了。由那些渐渐加大，又渐渐减小的125个不同的速度，在这一段行程中，火车速度的变化的观念，我们大体是有了。

但是，这就够了吗？火车在每一公里中间，它是不是等速运动呢？倘若，我们能够回答一个"是"字，那自然上面所得的结果就够了。可惜这个"是"字不好轻易就回答！我们既已知道火车全程不是等速运动，同时却又说，它在每一公里中是等速运动，这种运动的情形实在很难想象得出来。两个速度不相等的等速运动，是没法直接相连接的。所以我们不得不承认火车在每一公里内的速度也有不少的变化。这个变化，我们有没有方法去考察出来呢？

方法自然是有的，照前面的式样，比如说，将1公里分成1000段，假如我们又能够测出火车每走一小段的时间，那么我们就可得出它在1公里的行程中的1000个不同的平均速度。这很好，对于火车的速度的变化，我们所得到的观念更清晰了。倘若能够将测量弄得更精密些，再将每一小段分成若干个小小段，得出它们的平均速度来。段数分得越多，我们得出来的不同的平均速度也就跟着多起来。我们对于那火车的速度变化的观念，也更加明了。路程的段落越分越小，时间的间隔也就越来越近，所得的结果也就越弄越精密。然而，无论怎样，所得出来的总是平均速度。而且，我们还是不要太高兴了，这种分段求平均速度的方法，若只空口说白话，我们固然无妨乐观一点儿，可尽量地连续想下去。至于实际动起手来，那就有个限度了。

若想求物体转动或落下的速度，即如行星运转的速度，我们必须取出些距离——若那速度不是一个常数，就尽可能地取最小的——而注意它在各距离中经过的时间，因此得到一些平均速度。这一点必须注意，所得到的只是一些平均速度。

归根结底一句话，我们所有的科学实验，或日常经验，都由一种连续而有规律的形式给我们一个有变化的运动的观念。[1] 我们不能够明明白白地辨认出比较大的速度或比较小的速度当中任何速度的变化。虽是这样，我们仍可以想象在任意两个相邻的速度中间，总有无数个中间速度存在着。

为了测量速度，我们把空间分割成一些有规则的小部分，而在每一小部分中，注意它所经过的时间，求出相应的平均速度，这是上面已说过的方法。空间的段落越小，得出来的平均速度越接近，也就越接近真速度。但无论怎样，总不能完全达到真实的境界，因为我们的这种想法总是不连续的，而运动却是一个连续的量。

这个方法只能应用到测量和计算上，它却不能讲明我们的直觉的论据。

我们用了计算"无限小"的方法所推证得的结果来调和这论据和实验的差别，这是非常困难的，但是这种困难在很久以前就很清楚了，即如大家都知道的芝诺和他著名的芝诺悖论（Zeno's paradox）。所谓

---

[1] 除了冲击和突然静止，人是难分析出它们的运动情形的。

"飞矢不动"，便是一个好例子。既说那矢是飞的，怎么又说它不动呢？这个话，中国也有，《庄子》上面讲到公孙龙那班人的辩术，就引"镞矢之疾，而有不行不止之时"这一条。不行不止，是怎样一回事呢？这比芝诺的话来得更玄妙了。从我们的理性去判断，这自然只是一种诡辩，但要找出芝诺论证的错误，而将它推翻，却也不容易。芝诺利用这个矛盾的推论来否定运动的可能性，但他却没有怀疑他的推论方法究竟有没有错误。而这给了我们一个机缘，让我们去找寻新的推论方法，并且把一些新的概念弄得更精密。关于"飞矢不动"这个悖论可以这样说："飞矢是不动的。因为在它的行程上的每一刹那，它总占据着某一个固定的位置。所谓占据着一个固定的位置，那就是静止的了。但是一个一个的静止连接在一起，无论有多少个，它都只有一个静止的状态。所以说飞矢是不动的。"

在后面，关于这个从古至今打了不少笔墨官司的芝诺悖论的解释，我们还要重复说到。这里，只要注意这一点，芝诺的推论法，是把时间细细地分成了极小的间隔，使得他的反对派中的一些人推想到，这个悖论的奥妙就藏在运动的连续性里面。运动是连续的，我们从上例中早已明白了。但是，这个运动的连续性，芝诺在他无限地细分时间的间隔的当儿，却将它弄掉了。

连续性这东西，从前希腊人也知道。不过他们所说的连续性是直觉的，我们现在讲的却是由推论得来的连续性。对于解答"飞矢不动"这个悖论，显而易见，它是必要条件，但是单只有它并不充足。我们必须要精密地确定"极限"的意义，我们可以看出来，计算"无限小"的时候，就要使用到它。

照前几段的说法，似乎我们对于从前的希腊哲人，如芝诺之流，有些失敬了。然而，我们可以看出来，他们的悖论虽然不合于真理，但他们已经认识到直觉和推理中的矛盾了！

怎样弥补这个缺憾呢？

找出一个实用的方法来，确保测量的精密性，使所得的结果更接近于真实，是不是就可以解决这样的问题呢？

这本来只是关于机械一方面的事，但以后我们就可以看出来，将来实际所得的结果即使可以超越现在的结果，根本的问题却还是解答不出来。无论研究方法多么完备，总是要和一串不连续的数连在一起，所以不能表示连续的变化。

真实的解答是要发明一种在理论上有可能性的计算方法，来表示一个连续的运动，能够在我们的理性上面，严密地讲明这连续性，和我们的精神所要求的一样。

三、函数和变数

要明了函数的意思，我们先来讲一个例子。

请你放一支燃着的蜡烛在离你的嘴一米远的地方，倘若你向着那火焰吹一口气，这口气就会使那火焰歪开、闪动，说不定，你的那一口气很大，直接将它吹灭了。倘若你没有吹灭——就是吹灭了也不要紧，重新点着好了——请你将那支蜡烛放到离你的嘴三米远的地方，你照样再向着那火焰吹一口气，它虽然也会歪开、闪动，却没有前一次厉害了。你不要怕麻烦，这是科学上的所谓实验的态度。你不妨向着蜡烛走近，又退远开来，吹那火焰，看它歪开和闪动的情形。不用费什么事，你就可以证实离那火焰越远，它歪开得越少。我们就说，火焰歪开的程度是蜡烛和嘴的距离的"函数"。

我们还能够决定这个"函数"的性质，我们称这种函数是"降函数"。当蜡烛和嘴的距离渐渐"加大"的时候，火焰歪开的程度（函数）却逐渐"减小"。

现在，将蜡烛放在固定的位置，你也站好不要再走动，这样蜡烛和嘴的距离便是固定的了。你再来吹那火焰，随着你那一口气的强些或弱些，火焰歪开的程度也就大些或小些。这样看来，火焰歪开的程度，也是吹气的强度的函数。不过，这个函数又是另外一种，性质和前面的有点儿不同，我们称它是"升函数"[1]。当吹气的强度渐渐"加大"的时候，火焰歪开的程度（函数）也逐渐"加大"。

所以，一种现象可以不止是一种情景的函数，即火焰歪开的程度是吹气的强度的升函数，又是蜡烛和嘴的距离的降函数。在这里，有几点应当同时注意到：第一，火焰会歪开，是因为你在吹它；第二，歪开的程度有大小，是因为蜡烛和嘴的距离有远近，以及你吹的气有强弱。倘使你不去吹，它自然不会歪开。即使你去吹，蜡烛和嘴的距离，以及你吹的气的强弱，每次都是一样，那么，它歪开的程度也没有什么变化。所以函数是随着别的数而变的，别的数也得先会变才行。因为这样，这种自己变的数，我们称它为变量或变数。火焰歪开的程度，我们说它是倚靠着两个变数的一个函数。在日常生活中，我们也

---

[1] 正比例函数。

能找出这类函数来：你用一把锤子去敲钉子，那锤子施加到钉子上的力量，就是锤的重量和它敲下去的速度这两个变量的升函数；还有火炉喷出的热力，就是炉孔的面积的函数，因为炉孔加大，火炉喷出的热力就会渐渐减弱。至于其他的例子，你只要肯留意，随处可见。

你会感到奇怪了吧？数学是一门多么精密、深奥的学科，从这种日常生活中的事件，凭借一点儿简单的推理，怎么就能够扯到函数的数学的概念上去呢？由我们的常识的解说又如何发现函数的意义呢？我们再来讲一个比较细密的例子。

我们用一个可以测定它的变量的函数来做例，就可以发现它的数学的意义。在锅里热着一锅水，放一支寒暑表[1]在水里面，你注意去观察那寒暑表的水银柱。你守在锅子边，将看到那水银柱的高度一直是在变动的，经过的时间越长，它上升得越高。水银柱的高度，就是那水温的函数。这就是说，水银柱的高度是随着水量和水温而变化的。所以倘若测得了所供给的热量，又测得了水量，你就能够求出它们的函数——那水银柱的高来。

对于同量的水增加热量，或是同量的热减少水量，这时水银柱一定会上升得高些，这高度我们是有办法算出的。

由上面的例子看来，无论变数也好，函数也好，它们的值都是不断变动的。以后我们讲到的变数中，特别指出一个或几个来，叫它们

---

[1] 一种温度计。

是"独立变数"（或者，为了简便，就只叫它"变数"）。别的呢，就叫它们是"倚变数"，或是这些变数的函数。

对于变数的每一个数值，它的函数都有一个相应的数值。若是我们知道了变数的数值，就可以决定它的函数的相应的数值时，我们就称这个函数为"已知函数"。即如前面的例子，倘若我们知道了物理学上供给热量对水所起的变化的法则，那么，水银柱的高度就是一个已知函数。

我们再来举一个非常简单的例子，还是回到等速运动上去。有一个小孩子，每分钟可以爬 5 米远，他所爬的距离就是所爬时间的函数。假如他爬的时间用 t 来表示，那么他爬的距离便是 t 的函数。在初等代数上，你已经知道这个距离和时间的关系，可以用下面的式子来表示：

$d=5t$

若是仿照函数的表示法写出来，因为 d 是 t 的函数，所以又可以用 F（t）来代表 d，那就写成：

$F（t）=5t$

从这个式子中，我们若是知道 t 的数值，它的函数 F（t）的相应的数值也就可以求出来了。比如，这个在地上爬的小孩子就是你的小弟弟，他是从你家大门口一直爬出去的，恰好你家对面 30 多米的地方有一条小河。你坐在家里，一个朋友从外面跑来说是看见你的弟弟正在向小河的方向爬去。他从看见你的弟弟到和你说话正好三分钟。那么，你一点儿不用慌张，你的小弟弟一定还不会掉到河里。因为你既知道了 t 的数值是 3，那么 $F(t)$ 相应的数值便是 5×3=15 米，距那隔你家 30 多米远的河还远着呢！

以下要讲到的函数，我们在这里来说明而且规定它的一个重要性质，就叫作函数的"连续性"。

在上面所举的函数的例子中，那函数都受着变数的连续变化的支配，跟着从一个数值变到另一个数值，也是"连续的"。在两头的数值当中，它经过了那里面的所有中间数值。比如，水的温度连续地升高，水银柱的高度也连续地从最初的高度，经过所有中间的高度，达到最后一步。

你试取两桶温度相差不多的水，例如，甲桶的水温是 30℃，乙桶的是 32℃，各放一支寒暑表在里面，水银柱的高，前者是 15 厘米，后者是 16 厘米。这是很容易看出来的，对于 2℃ 温度的差（这是变数），相应的水银柱的高（函数）的差是 1 厘米。设若你将乙桶的水凉到 31.6℃，那么，这支寒暑表的水银柱的高是 15.8 厘米，而水银柱的高的差就变成 0.8 厘米了。

这件事情是很明白的：乙桶水从 32℃ 降到 31.6℃，中间所有的温度的差，相应的两支寒暑表的水银柱的高的差，是在 1 厘米和 0.8 厘米之间。

这话也可以反过来说，我们能够得到两支寒暑表的水银柱的高的差（也是随我们要怎样小都可以，比如是 0.4 厘米）相应到某个固定温度的差（比如 0.8℃）。但是，如果无论我们怎样弄，永远不能使那两桶水的温差小于 0.8℃，那么两支寒暑表的水银柱的高的差也就永远不会小于 0.4 厘米了。

最后，若是两桶水的温度相等，那么水银柱的高也一样。假设这温度是 31℃，相应的水银柱的高便是 15.5 厘米。我们必须要把甲桶水加热到 31℃，而把乙桶水凉到 31℃，这时两支寒暑表的水银柱一个是上升，一个却是下降，结果都到了 15.5 厘米的高度。

推到一般的情形去，我们考察一个"连续"函数的时候，我们就可以证实下面的性质：当变数接近一个定值的时候，或者说得更好一点儿，"伸张到"一个定值的时候，那函数也"伸张"，经过一些中间值，"达到"一个相应的值，而且总是达到这个相同的值。不但这样，它要达到这个值，那变数也就必须达到它的相应的值。还有，当变数保持着一定的值时，函数也保持着那相应的一定的值。

这个说法，就是"连续函数"的精密的数学定义。由物理学的研究，我们证明了这个定义对于物理的函数是正相符合的。尤其是运动，它表明了连续函数的性质：运动所经过的空间，它是一个时间的函数，只有冲击和反击的现象是例外。再说回去，我们由实测不能得到的运动的连续，我们的直觉却有力量使我们感受到它。多么光荣呀，我们的直觉能结出这般丰盛的果实！

四、无限小的变数——诱导函数

现在还是来说关于运动的现象。有一条大路或是一条小槽，在那条路上有一个轮子正转动着，或是在这小槽里有一个小球正在滚动着。倘若我们想找出它们运动的法则，并且要计算出它们在进行中的速度，比前面的还要精密的方法，究竟有没有呢？

将就以前说过的例子，本来也可以再讨论下去，不过为着简便起见，我们无妨将那个例子的特殊情形归纳为一般的情况。用一条线表示路径，用一些点来表示在这路上运动的东西。这么一来，我们所要研究的问题，就变成一个点在一条线上的运动的法则和这个点在进行中的速度了。

索性更简单些，就用一条直线来表示路径：这条直线从 O 点起，无限地向着箭头所指示的方向延伸出去。

在这条直线上，依着同一方向，有一点 P 连续地运动，它运动的起点也就是 O。对于这个不停运动的 P 点，我们能够求出它在那直线上的位置吗？是的，只要我们知道在每个时间 t，这个运动着的 P 点间隔 O 点多远，那么，它的位置也就能确定了。

图 4-1

和之前的例子一样，连续运动在空间的径路是时间的一个连续函数。

先假定这个函数是已经知道了的，不过这并不能解决我们所要讨论的问题。我们还不知道在这运动当中，P 点的速度究竟是怎样，也不知道这速度有什么变化。经过我这么一提醒，你将要失望了，将要皱眉头了，是不是？

且慢，不用着急，我们请出一件法宝来，这些问题就迎刃而解了！这是一件什么法宝呢？以后你就知道了，先只说它的名字叫作"诱导函数法"。它真是一件法宝，它便是数学园地当中，挂有"微分法"这个匾额的那座亭台的基石。

　　"运动"本来不过是从时间和空间的关系的变化出来的。不是吗？你倘若老是把眼睛闭着，尽管你心里只是不耐烦，觉得时间真难熬，有度日如年之感，但是一只花蝴蝶在你的面前蹁跹地飞着，上下左右地回旋，你哪儿会知道它在这么有兴致地动呢？原来，你闭了眼睛，你面前的空间有怎样的变化，你真是茫然了。同样地，尽管空间有变化，但你根本就没有时间感觉，你也没有办法理解运动是怎么一回事！

　　倘若对于测得的时间 t 的每一个数，或者说得更好一些，对于时间 t 的每一个数值，我们都能够计算出距离 d 的数值来，这就是某种情形当中的时间和空间的关系的变化已经被我们知晓了。那运动的法则，我们自然而然也就知道了！我们就说：

　　距离是时间的已知函数，简便一些，我们说 d 是 t 的已知函数，或者写成 $d=f(t)$。

　　对于你的小弟弟在大门外地上爬的例子，这公式就变成了 $d=5t$。另外随便举个例子，比如 $d=3t+5$，这时就有了两个不同的运动法则。假如时间用分钟计算，距离用米计算。在第一个式子中，若时间 t 是10分钟，那么距离 d 就得50米。但在第二个式子中，$d=3t+5$ 所表示的是运动的法则，10分钟的结尾，那距离却是 $d=3\times10+5$，便是距出发点35米。

　　来说计算速度的话吧！先须得注意，和以前说过的一样，要能计算无限小的变动的速度，换句话说，就是要计算任何刹那的速度。

为了表示一个数值是很小的，小得与众不同，我们就在它的前面写一个希腊字母Δ（delta），所以Δt就表示一个极小极小的时间间隔。在这个时间当中，一个运动的东西所经过的路程自然很短很短，我们就用Δl表示。

现在我问你，那P点在时间t的间隔中，它的平均速度是什么？你没有忘掉吧！运动的平均速度等于这运动所经过的时间去除它所经过的距离。所以这里，你可以这样回答我：

平均速度$\bar{v}=\dfrac{\Delta d}{\Delta t}$

这个回答一点儿没错，虽然现在的时间间隔和空间距离都很小很小，但要求这个很小的时间当中，运动的平均速度，还是只有这么一个老法子。

平均速度！平均速度！这平均速度，一开始不是就和它纠缠不清吗？不是觉得对于真实的运动情形，无论怎样都表示不出来吗？那么，在这里我们为什么还要说到它呢？不过，因为时间和空间所取的数值都很小，所以这里所说的平均速度很有用。要得出真实的速度而非平均的，要那运动只是一刹那的，而非延续在一个时间间隔当中，我们只需把Δt无限制减小下去就行了。

我们先记好了前面已经说过的连续函数的性质，因为在一刹那t，运动的距离是d，在和t非常相近的时间，我们用t+Δt来表示，那么，相应的就有一个距离d+Δd和d也就非常相近。并且Δt越减小，Δd也跟着越小。

这样一来，我们所测定的时间，当它的数目非常小，差不多和 0 相近的时候，会得出什么结果呢？换句话说，就是时间 t 近于 0 的时候，这个 $\dfrac{\Delta l}{\Delta t}$ 的比却变得很微小。因为前项 l 和后项 t 虽在变动，但它们的比却差不多一样。

对于平均速度 $\dfrac{\Delta d}{\Delta t}$，因为 Δt 同 Δd 无限减小，最终就会到达一个和定值 v 相差几乎是 0 的地步。关于这种情形，我们就说：

"当 Δt 和 Δd 近于 0 的时候，v 是 $\dfrac{\Delta d}{\Delta t}$ 的比的极限（$limite$）。"

既是平均速度，它的极限 v 就是在时间的间隔和相应的空间，都近于 0 的时候，平均速度的极限。

结果，v 便是在一刹那 t 动点的速度。将上面的话联合起来，可以写成：

$$v = \lim_{\Delta t \to 0} \frac{\Delta d}{\Delta t} \;\;(\Delta t \to 0 \text{ 表示 } \Delta t \text{ 近于 0 的意思})$$

找寻 $\dfrac{\Delta d}{\Delta t}$ 的极限值的计算方法，我们就叫它是诱导函数法。

极限值 v 也有一个不大顺口的名字，叫作"空间 d 对于时间 t 的诱导函数"。

有了这个名字，我们说起速度来就便当了。什么是速度？它就是"空间对于一瞬的时间的诱导函数"。

我们又可以回到芝诺的"飞矢不动"的悖论上去了。对于他的错误，在这里还能够加以说明。芝诺所用来解释他的悖论的方法，无论多么巧妙，横在我们眼前的事实，总是让我们不能相信飞矢是不动的。

你总看过变戏法吧？你明知道，那些使你看了吃惊到目瞪口呆的玩意儿都是假的，但你总找不出它们的漏洞来。我们若没有充足的论据来攻破芝诺的推论，那么，对于他这巧妙的悖论，也只好抱着看戏法时所有的吃惊的心情了。

现在，我们再用一种工具来攻打芝诺的推论。

古代的人并不比我们笨，速度的意义他们也懂得的，只可惜他们还有不如我们的地方，那就是关于无限小的量的观念一点儿没有。他们以为"无限小"就是等于 0，并没有什么特别。因为这个，他们吃了不少亏，像芝诺那般了不起的人物，在他的推论法中，这个当上得更厉害。

不是吗？芝诺这样说，"在每一刹那，那矢是静止的"。我们无妨问问自己，他的话真的正确吗？在每一刹那那矢的位置是静止的，和一个静止的东西一样吗？

再举个例来说，假如有两支同样的矢，其中一支是用了比另一支快一倍的速度飞动。在它们正飞着的空隙，照芝诺想来，每一刹那它们都是静止的，而且无论飞得快的一支还是慢的一支，两支矢的"静止情形"也没有一点儿区别。

在芝诺的脑子里，快的一支和慢的一支的速度，无论在哪一刹那都等于 0。

但是，我们已经看明白了，要想求出一个速度的精准值，必须要用到"无限小"的量，以及它们的相互关系。上面已经讲过，这种关系是可以有一个一定的极限的。而这个极限呢，又恰巧可以表示出我们所设想的一刹那的速度。

所以，在我们的脑海里，和芝诺就有点儿不同了！那两支矢在一刹那的时间，它们的速度并不等于0：每支都保持各自的速度，在同一刹那的时间，快的一支的速度总比慢的一支的速度快一倍。

把芝诺的思想，用我们的话来说，得出这样一个结论：他推证出来的好像是两个无限小的量，它们的关系必须等于0。对于无限小的时间，照他想来，那相应的距离总是0，这你会觉得有点儿可笑了，是不是？但这也不能全怪芝诺，在他活着的时候，什么极限呀，无限小呀，这些观念都还没有规定清楚呢。速度这东西，我们把它当作距离和时间的一种关系，所以在我们看来，那飞矢总是动的。说得明白点儿，就是：在每一刹那，它总保持一个并不等于0的速度。

好了！关于芝诺的话，就此停止吧！我们来说点儿别的！

你学过初等数学，是不是？你还没有全忘掉吧！在这里，就来举一个计算诱导函数的例子怎么样？先选一个极简单的运动法则，好，就用你的弟弟在大门外爬的那一个例子：

$$d=5t \qquad\qquad (1)$$

无论在哪一刹那 t，最后他所爬的距离总是：

$$d_1=5t_1 \qquad\qquad (2)$$

我们就来计算你的弟弟在地上爬时，这一刹那的速度，就是找空间 d 对于时间 t 的诱导函数。设若有一个极小极小的时间间隔 Δt，就是说

刚好接连着 t_1 的一刹那 $t_1+\Delta t$，在这时候，那运动着的点，经过了空间 Δd，它的距离就应当是：

$$d_1+\Delta d=5（t_1+\Delta t） \qquad （3）$$

这个小小的距离 Δd，我们要用来做成这个比 $\dfrac{\Delta d}{\Delta t}$ 的，所以我们可以先把它找出来。从（3）式的两边减去 d_1 便得：

$$\Delta d=5（t_1+\Delta t）-d_1 \qquad （4）$$

但是第（2）式告诉我们说 $d_1=5t_1$，将这个关系代进去，我们就可以得到：

$$\Delta d=5（t_1+\Delta t）-5t_1$$

在时间 Δt 当中的平均速度，前面说过是，我们要找出这个比等于什么，只需将 Δt 除前一个式子的两边就好了。

所以：

$$\frac{\Delta d}{\Delta t}=\frac{5（t_1+\Delta t）-5t_1}{\Delta t}=\frac{5t_1+5\Delta t-5t_1}{\Delta t}$$

化简便是：

$$\frac{\Delta d}{\Delta t}=\frac{5\Delta t}{\Delta t}=5$$

从这个例子（$\dfrac{\Delta d}{\Delta t}$）看来，无论 Δt 怎样减小，总是一个常数。因此，即使我们将 Δt 的值尽量地减小，到了简直要等于 0 的地步，那速度 v 的值，在 t_1 这一刹那，也是等于 5，也就是诱导函数等于 5，所以：

$$v=\lim_{\Delta t\to 0}\frac{\Delta d}{\Delta t}=5$$

这个式子表明无论在哪一刹那，速度都是一样的，都等于 5。速度既然保持着一个常数，那么这运动便是等速的了。

不过，这个例子是非常简单的，所以要求出它的结果也非常容易。至于一般的例子，那就往往很麻烦，做起来并不像这般轻巧。

就现实的情形说，$d=5t$ 这个运动法则，明明指出运动所经过的路程（比如用米做单位）总是运动所经过的时间（比如用分钟做单位）的五倍。一分钟你的弟弟在地上爬 5 米，两分钟便爬了 10 米，所以，他的速度总是等于每分钟 5 米。

再另外举一个简单的运动法则来做例子，不过它的计算却没有前一个例子简便。假如有一种运动，它的法则是：

$$e=t^2 \qquad\qquad (1)$$

依照这个法则，时间用秒做单位，距离用米做单位。那么，在 2 秒钟的结尾，它所经过的距离应当是 4 米；在 3 秒钟的结尾，应当是 9 米……照这样推下去，米的数目总是秒数的平方。所以在 10 秒钟的结尾，所经过的距离便是 100 米。

还是用距离对于时间的诱导函数来计算这运动的速度吧！

为了找出诱导函数来，在时间 t 的任一刹那，设想这时间增加了很小一点儿 Δt。在这 Δt 很小的一刹那当中，运动所经过的距离 e 也加上很小的一点儿 Δe。从（1）式我们可以得出：

$$e+\Delta e =(t+\Delta t)^2 \qquad (2)$$

现在，我们就可以从这个式子中求出 e 和时间 t 的关系了。在

（2）式里面，两边都减去 e，便得：

$$\Delta e = (t+\Delta t)^2 - e$$

因为 $e=t^2$，将这个值代进去：

$$\Delta e = (t+\Delta t)^2 - t^2 \qquad\qquad（3）$$

到了这里，我们将式子的右边简化。这第一步就非将括号去掉不可。朋友！你也许忘掉了吧？我问你，$(t+\Delta t)^2$ 去掉括号应当等于什么？想不上来吗？我告诉你，它应当是：

$$t^2+2t\times\Delta t+(\Delta t)^2$$

所以（3）式又可以照下面的样子写：

$$\Delta e = t^2+2t\times\Delta t+(\Delta t)^2 - t^2$$

式子的右边有两个 t^2，一个正一个负恰好消去，式子也更简单些：

$$\Delta e = 2t\times\Delta t+(\Delta t)^2 \qquad\qquad（4）$$

接着就来找平均速度 $\dfrac{\Delta e}{\Delta t}$，应当将 Δt 去除（4）式的两边：

$$\frac{\Delta e}{\Delta t} = \frac{2t\times\Delta t}{\Delta t} + \frac{(\Delta t)^2}{\Delta t} \qquad\qquad（5）$$

现在再把式子右边的两项中分子和分母的公因数 t 抵消，只剩下：

$$\frac{\Delta e}{\Delta t} = 2t+\Delta t \qquad\qquad（6）$$

倘若我们所取的 Δt 真是小得难以形容，简直几乎就和 0 一样，这就可以得出平均速度的极限：

$$\lim_{\Delta t\to 0}\frac{\Delta e}{\Delta t} = 2t+0$$

于是，我们就知道在 t 刹那时，速度 v 和时间 t 的关系是：

$v=2t$

你把这个结果和前一个例子的结果比较一下，你总可以看出它们俩有些不一样吧！最明显的，就是前一个例子的 v 总是 5，和 t 没有一点儿关系。这里却没有那么简单，速度总是时间 t 的两倍。所以恰在第一秒的间隔，速度是 2 米每秒，但恰在第二秒的一刹那，却是 4 米每秒了。这样推下去，每一刹那的速度都不同，所以这种运动不是等速的。

五、诱导函数的几何表示法

"无限小"的计算法，真可以算是一件法宝，你在数学的园地中，走来走去，差不多都可以看见它。

在几何的院落里，更可以看出它有多么玲珑。老实说，几何的院落现在如此繁荣、美丽，受了它不少的恩赐。牛顿发现了它，莱布尼茨也发现了它。但是他俩并没有打过招呼，所以他们走的路也不同。莱布尼茨是在几何的院落里玩得兴致很浓，想在那里面加上一些点缀，为了要解决一个极有趣味的问题时，才发现了"无限小"这法宝，而且最大限度发挥了它的作用。

在几何中，"切线"这个名词，你不知碰见过多少次了吧？所谓切线，照通常的说法，就是和一条曲线除了一点相挨着，再也不会有其他地方和它相碰的那样一条直线。莱布尼茨在几何的园地中，津津有味地要解决的问题就是：在任意一条曲线上的随便一点，要引一条切线的方法。有些曲线，比如圆或椭圆，在它们的上面随便一点，要引一条切线，学过几何的人都知道这个方法。但是对于别的曲线，依了样却不能将那葫芦画出来。究竟一般的方法是怎样的呢？在几何的院落里，曾有许多人想找到打开这道门的锁匙，但都被它逃走了！

和莱布尼茨同时游赏数学的园地，而且在里面加上一些建筑或装饰的人，曾经找到过一条适当而且开阔的路去探寻各种曲线的奥秘：笛卡尔就在代数和几何两座院落当中筑了一条通路，这便是挂着"解析几何"这块牌子的那些地方。

根据解析几何的方法，数学的关系可用几何的图形表示出来，而一条曲线也可以用等式的形式去记录它。这个方法真有点儿神奇，是不是？但是仔细追根究底，到了现在却非常简单，我们看着是非常平淡无奇了。然而，这条道路若不是像笛卡尔那样有才能的人是建筑不起来的！

要说明这个方法的用场，我们也先来举一个简单的例子。

你取一张白色的纸钉在桌面上，并且预备好一把尺子、一块三角板、一支铅笔和一块橡皮。你用你的铅笔在那纸上画一个小黑点，马上用橡皮将它擦去。你有什么方法能够将那个黑点的位置再找出来吗？但你将它擦得一点儿痕迹都不留，无论如何再也没法将它找回来

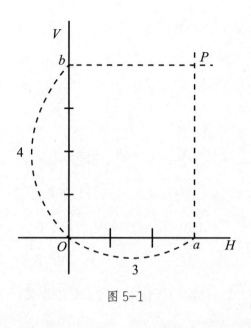

图 5-1

了。所以在一张纸上，要定一个点的位置，这个方法非常重要。

要定出一个点在纸上的位置的方法，实在不止一个，还是选一个容易明白的吧。你用三角板和铅笔，在纸上画一条水平线 *OH* 和一条垂直线 *OV*。假如 *P* 是那位置应当确定的点，你由 *P* 引两条直线，一条水平的和一条垂直的（图 5-1 中的虚线），这两条直线和前面画的两条，比如说相交在 *a* 点和 *b* 点，你就用尺子去量 *Oa* 和 *Ob*。

设若量出来，*Oa* 等于 3 厘米，*Ob* 等于 4 厘米。

现在你把所画的 *P* 点和那两条虚线都用橡皮擦去，只留下用作标准的两条直线 *OH* 和 *OV*，这样你只需注意到 *Oa* 和 *Ob* 的距离。*P* 点就可以很容易地再找出来。实际就是这样的做法：从 *O* 点起在水平线 *OH* 上量出 3 厘米的一点 *a*，还是从 *O* 点起，在垂直线 *OV* 上量出 4 厘米的一点 *b*。跟着，从 *a* 画一条垂直线，再从 *b* 画一条水平线。你是已经知道的，这两条线会相碰，这相碰的一点，便是你所要找的 *P* 点。

这个方法是比较简便的，但并不是独一无二的。这里用到的是两个数，一个垂直距离和一个水平距离。但如果另外选两个适当的数，也可以把平面上一点的位置确定，不过别的方法都没有这个方法浅近易懂。

你在平面几何上曾经读过一条定理：不平行的两条直线若不是全相重合就只能有一个交点。你总还记得吧！就是这个缘故，我们用一条垂直线和一条水平线，所能决定的点只有一个。依照同样的方法，用距 O 点不同的垂直线和水平线便可决定许多位置不同的点。你不相信吗？那就用你的三角板和铅笔，胡乱画几条垂直线和水平线来看看。

请你再回忆起平面几何上的一条定理来，那就是通过两个定点一定

图 5-2

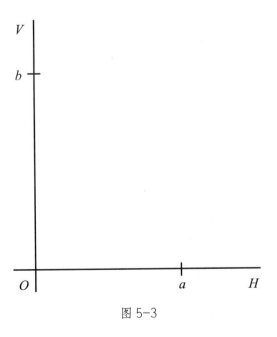

图 5-3

能够画一条直线，而且也只能够画一条。所以，倘若你先在纸上画一条直线，只任意留下了两点，便将整条线擦去，你若要再找出原来的那条直线，只需用你的尺子和铅笔将所留的两点连起来就成了。你试试看，前后两条直线的位置有没有什么不同的地方？

前面说的只是点的位置，现在，我们更进一步来研究任意一条曲线，或是 BC 弧，我们也能够将它表示出来吗？

为了方便起见，我和你先约定好：在水平线上从 O 起量出的距离用 x 表示，在垂直线上从 O 起量出的距离用 y 表示。这么一来，设若那条曲线上有一点 P，从 P 向 OH 和 OV 各画一条垂线，那么，无论 P 点在曲线上的什么地方，x 和 y 都各有一个相应于这 P 点的位置的值。

在曲线 BC 上，设想有一点 P，从 P 向 OH 画一条垂线 Pa，设若它和 OH 交于 a 点；再从 P 向 OV 也画一条垂线 Pb，设若它和 OV 交于 b 点，Oa 和 Ob 便是 x 和 y 相应于 P 点的值。你试在 BC 上另外取一点 Q，依照这方法

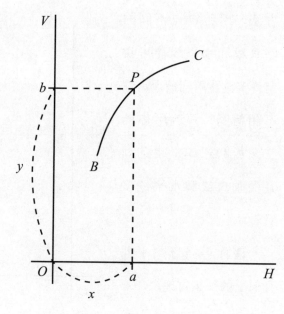

图 5-4

做起来，就可以看出 x 和 y 的值不再是 Oa 和 Ob 了。

在曲线 BC 上面，取一串的点，比如说是 P_1，P_2，P_3……从各点向 OH 和 OV 都画垂线，这就得出相应于 P_1，P_2，P_3……这些点的位置的 x 和 y 的值，x_1，x_2，x_3……和 y_1，y_2，y_3……x 的一串值，x_1，x_2，x_3……各都和 y 的一串值 y_1，y_2，y_3……中的一个相应。这些是你从图上一眼就能看明白的。

倘若已将 x 和 y 的各自的一串值都画出，曲线 BC 的位置大体也就决定了。所以，实际上，你若是把 P_1，P_2，P_3……这一串点留着，而将曲线 BC 擦去，和前面画直线一样，你就有方法能再把它找出来。因为 x 的每一个值，都相应于 y 的一串值中的一个，所以要决定曲线上的一点，我们就在 OH 上从 O 取一段等于 x 的值，再在 OV 上从 O 起取一段等于相应于它的 y 的值。那么，这一点，就和前面讲过的例子一样，完全可以决定。跟着，用同样的方法，将 x 的一串值和 y 的一串值都画出来，P_1，P_2，P_3……这一串的点也就确定了，同样也可以将曲线 BC 画出来。

不过，这却要小心，前面我们说过，有了两点就可以画出一条直线。在平面几何学上你还学过一条定理，不在一条直线上的三点就可以画出一个圆周。但是一般的曲线，要有多少点才能把它画出来，那是谁也回答不上来的问题，不是吗？曲线是弯来弯去的，没有画出来的时候谁能完全明白它是怎样的弯法呢！所以，在实际的操作中，真要由许多点来画出一条曲线，必须要画出很多互相挨得很近的点，才可以大体画出那条曲线。并且这还需注意，无论怎样，倘若没有别的方法加以证明，你这样画出的曲线总只是一条相近的曲线。

话说回来，以前所讲过的数学的函数的定义，把它来和这里所说的表示 x 和 y 的一串值的方法对照一番，真是有趣极了！我们既说，每一个 x 的值，都相应于 y 的一串值中的一个。那好，我们不是也就可以干干脆脆地说 y 是 x 的函数吗？要是掉转枪口，我们就可以说 x 是 y 的函数。从这一点看起来，有些函数是可以用几何的方法表示的。

比如：

y 是 x 的函数，用几何的方法来表示就是这样：有一条曲线 BC，设若 x 等于 Oa，我们实际上就可知道相应于它的 y 的值是 Ob。

所以从解析数学上看来，一个数学的函数是代表一条曲线的。但掉过头从几何上看来，一条曲线就表示一个数学的函数。两边简直是合则双美的玩意儿。

要反过来说，也是非常容易的。假如有一个数学的函数：

$y=f(x)$

我们可以给这函数一个几何的说明。

还是先画两条互相垂直的线段 OH 和 OV，在水平线 OH 上面，我们取出 x 的一串值，而在垂直线 OV 上面我们取出 y 的一串值。从各点都画 OH 或 OV 的垂线，从 x 和 y 的两两相应的值所画出的两垂线都有一个交点。这些点总集起来就画出了一条曲线，这条曲线就表示出了我们的函数。

举一个非常简单的例子吧！设若那已知的函数是 $y=x$，表示它的曲线是什么？

先随便选一个 x 的值，例如 $x=2$，那么相应于它的 y 的值也是 2，所以相应于这一对值的曲线上的一点，就是从 $x=2$ 和 $y=2$ 这两点画出的两条垂线的交点。同样，由 $x=3$，$x=4$……我们就得出 $y=3$，$y=4$……并且得出一串相应的点。连接这些点，就是我们要找的表示我们的函数的曲线。

我想，倘若你要挑剔的话，一定捉到了一个漏洞！不是吗？图 5-5 上画出的明明是一条直线，为什么在前面我们却亲切地叫它是曲线呢？朋友！一个人终归能力有限，写说明的时候，那图的影儿还不曾有一点，哪儿会知道它是一条直线呀！若是画出图来是一条直线，便返回去将说明改过，现在看来，好像我是"未卜先知"了，成什么话呢？

我们说是曲线的变成了直线，这只是特别的情形。说到特

图 5-5

别，朋友！我告诉你，接下来要举的例子，真是特别得很，它不但是直线，而且和水平线 OH 以及垂直线 OV 所成的角还是相等的，恰好 45°，就好像你把一张正方形的纸对角折出来的那条折痕一般。

原来是要讲切线的，话却越说越远了，现在回到本题上面来吧。为了确定切线的意义，先设想一条曲线 C，在这曲线上取一点 P，接着过 P 点引一条割线 AB 和曲线 C 又在 P′ 点相交。

请你将点慢慢地在曲线上向着 P 点这边移过来，你可以看出，当你移动点的时候，AB 的位置也跟着变了。它绕着固定的 P 点，依着箭头所指的方向慢慢地转动。到了 P′ 点和 P 点碰在一起的时候，这条直线 AB 便不再割断曲线 C，只和它在 P 相交了。换句话说，就是在这个时候，直线 AB 变成了曲线 C 的切线。

图 5-6

再用到我们的水平线 OH 和垂直线 OV。

设若曲线 C 表示一个函数。我们若是能够算出切线 AB 和水平线 OH 所夹角的角度，或是说 AB 对于 OH 的倾斜率，以及 P 点在曲线 C 上的位置，那么，过 P 点就可以将 AB 画出了。

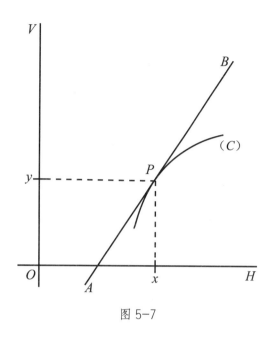

图 5-7

嗬，了不起！这么一来，我们又碰到难题目了！

怎样可以算出 AB 对于 OH 的倾斜率呢？

朋友，不要慌！你去问造房子的木匠去！你去问他，怎样可以算出一座楼梯对于地面的倾斜率？

你一时找不着木匠去问吧！那么，我告诉你一个法子，你自己去做。

你拿一根长竹竿，到一堵矮墙前面去。比如那矮墙的高是 2 米，你将竹竿斜靠在墙上，竹竿落地的这一头恰好

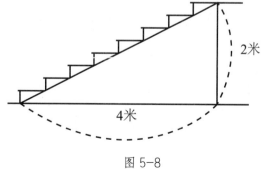

图 5-8

距墙脚 4 米。

这回你已经知道竹竿靠着墙的一点离地的高和落地的一点距墙脚的距离，它们的比恰好是：$\dfrac{2}{4}=\dfrac{1}{2}$。这个比值就决定了竹竿对于地面的倾斜率。

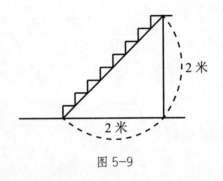

图 5-9

假如，你将竹竿靠到墙上的时候，落地的一头距墙脚 2 米，就是说恰好和靠着墙的一点离地的高相等。那么它们俩的比便是：$\dfrac{2}{2}=1$。

你应该已经看出来了，这一次竹竿对于地面的倾斜度比前一次陡。

假如我们要想得出一个 $\dfrac{1}{4}$ 的倾斜率，竹竿落地的一头应当距墙脚多远呢？

只要使这个距离等于那墙高的四倍就行了。倘若你将竹竿落地的一头放在距墙脚 8 米远的地方，那么，$\dfrac{2}{8}=\dfrac{1}{4}$ 恰好是我们所想求的倾斜率。

总括起来，简单地说，要想算出倾斜率，只需知道"高"和"远"的比。

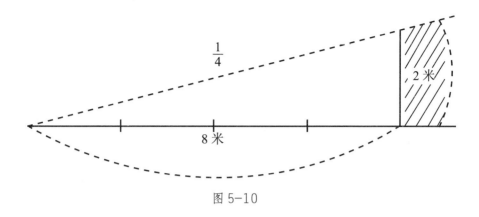

图 5-10

　　快可以得出一个结论了，让我们先把所有要用来解答这个切线问题的材料集拢起来吧。第一，作一条水平线 OH 和一条垂直线 OV；第二，画出我们的曲线；第三，过定点 P 和另外一点画一条直线将曲线切断，就是说过 P 和 P′ 画一条割线。

　　先不要忘了我们的曲线 C 是用下面这个已知函数表示的：

$$y=f(x)$$

设若相应于 P 点的 x 和 y 的值是 x 和 y，相应于 P′ 点的 x 和 y 的值是 x′ 和 y′。从 P 画一条水平线和从 P′ 所画的垂直线相交于 B 点。我们先来决定割线 PP′ 对于水平线 PB 的倾斜率。

　　这个倾斜率，和我们刚才说过的一样，是用"高"P′B 和"远"PB 的比来表示的，所以我们得出下面的式子：

$$PP'\text{的倾斜率} = \frac{P'B}{PB}$$

到了这一步很清楚，我们所要解决的问题是：用来表示倾斜率的比，能不能由曲线函数的帮助来计算呢？

看着图来说话吧。由图 5-11 我们可以很容易地看出来，水平线 PB 等于 x' 和 x 的差，而"高度" P'B 等于 y' 和 y 的差。将这相等的值代进前面的式子里面去，我们就得出：

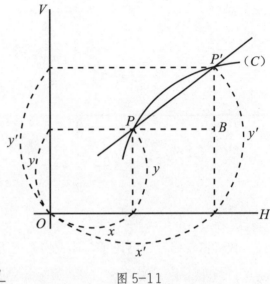

$$割线的倾斜率 = \frac{y'-y}{x'-x}$$

图 5-11

跟着，来计算 P 点的切线的倾斜率，只要在曲线上使 P' 和 P 挨近就成了。

P' 挨近 P 的时候，y' 便挨近了 y，而 x' 也就挨近了 x。这个比 $\frac{y'-y}{x'-x}$ 跟着 P' 的移动渐渐发生了改变，P' 越近于 P，就越近于我们所要找到表示 P 点的切线的倾斜率的那个比。

要解决的问题总算解决了。总结一下，解答的步骤是这样：

知道了一条曲线和表示它的一个函数，那曲线上的任

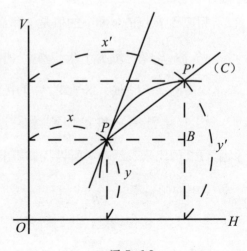

图 5-12

一点的切线的倾斜度就可以计算出来。所以，通过曲线上的一点，引一条直线，若是它的倾斜率和我们已经算出来的一样，那么，这条直线就是我们所要找的切线了！

说起来啰里啰唆的，好像很麻烦，但实际上要去画它，并不困难。即如我们前面所举的例子，设若 y' 很近于 y，x' 也很近于 x，那么，这个比 $\dfrac{y'-y}{x'-x}$ 跟着便很近于 $\dfrac{1}{2}$ 了。因此在曲线上的 P 点，那切线的倾斜率也就很近于 $\dfrac{1}{2}$。我们这里所说的"很近"，就是使得相差的数无论小到什么程度都可以的意思。

我们动手来画吧！过 P 点引一条水平线 PB，使它的长为 2 厘米，在 B 这一头，再画一条垂直线 Ba，它的长是 1 厘米，最后把 Ba 的一头 a 和 P 联结起来作一条直线。这么一来，直线 Pa 在 P 点的倾斜率等于 Ba 和 PB 的比，恰好是 $\dfrac{1}{2}$，所以它就是我们所要求的在曲线上 P 点的切线。

对于切线的问题，我们算是有了一个一般的解答了。但是，我问你，一直说到现在，我们所解决的都是一些特别的例子，能不能用到一般的已定曲线上去呢？

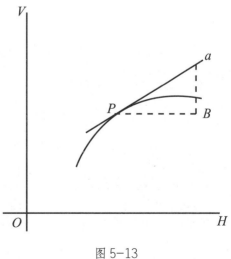

图 5-13

还不能呢！还得要用数学的方法，再进一步找出它的一般的原理才行。不过要达到这个目的，并不困难。我们再从我们所用的方法当中仔细探究一番，就可以得到一个称心如意的回答了。

我们所用的方法含有什么性质呢？

假如我们记清楚从前所说过的，什么连续函数咧，它的什么变化咧，这些变化的什么平均值咧……这一类的东西，将它们来比照一下，对于我们所用的方法，一定更加明了了。

一条曲线和一个函数，本可以看成是完全一样的东西，因为一个函数可以表示出它的性质，也可以用图形表示出来。所以，一样的情形，一条曲线也就表示一个点的运动情形。

为了要弄清楚一个点的运动情形，我们曾经研究过用来表示这运动的函数有怎样的变化。研究的结果，将诱导函数的意义也弄明白了。我们知道它在一般的形式下面，也是一个函数，函数一般的性质和变化它都含有。

认为函数是表示一种运动的时候，它的诱导函数，就是表示每一刹那，这运动所有的速度。

抛开运动不讲，在一般的情形当中，一个函数的诱导函数含有什么意义呢？

我们再来简单地看一下，诱导函数是怎样被我们诱导出来的。对于变数，我们先使它任意加大一点，然后从这点出发去计算所要求的诱导函数。就是找出相应于这点变化，那函数增加了多少，接着就求这两个增加的数的比。

因为函数的增加是依赖着变数的增加，所以我们跟着就留意，在那增加的量很小很小的时候，它的变化是怎样的。

这样的做法，我们已说过很多次，而结果仍旧是一样的。那增加的量无限小的时候，这个比就达到一个固定的值。中间有个必要的条件，我们不要忘掉，若是这个比有极限的时候，那个函数是连续的。

将这些情形和所讲过的计算一条曲线的切线的倾斜率的方法比较一下，我们仍旧一头雾水，它们实在没有什么区别吗？

最后，就得出这么一个结论：一个函数表示一条曲线，函数的每一个值都相应于那曲线上的一点，对于函数的每一个值的诱导函数，就是那曲线上相应点的切线的倾斜率。

这样说来，切线的倾斜率便有一个一般的求法了。这个结果不但对本问题很重要，它简直是微积分的台柱子。

这不但解释了切线的倾斜率的求法，而且反过来，也就得出了诱导函数在数学函数上的抽象的意义。正和我们为了要研究函数的变化，却得到了无限小和它的计算法，以及诱导函数的意义一样。

再多说一句，诱导函数这个宝贝，非常玲珑。你讲运动吧，它就表示这运动的速度；你讲几何吧，它义变成曲线上一点的切线的倾斜率。你看它多么活泼、有趣！

索性再来看看它还有什么把戏可以耍出来。

诱导函数表示运动的速度，就可以指示出那运动有什么变化。

在图形上，它既表示切线的倾斜率，又有什么可以指示给我们看的呢？

设想有一条曲线，对了，曲线本是一条弯来弯去的线，它在什么地方有怎样的弯法，我们有没有方法可以表明呢？

图 5-14

从图上看吧，在 a 点附近曲线弯得快些。换句话说，x 的距离越小，而相应的 y 的距离越大。这就证明在 a 点的切线，它的倾斜度更陡。

在 b 点呢，切线的倾斜度就较平了，切线和水平线所成的角也很小，x 和 y 的距离增加的强弱相差也不大。

至于 c 点，倾斜度简直成了 0，切线和水平线近乎平行，x 的距离尽管增加，y 的值总是老样子，所以这条曲线也很平。接着下去，它反而向下弯起来，就是说，x 的距离增加，y 的值反而减小。在这里，倾斜度就改变了方向，一直降到 d 才又回头。从 c 到 d 这一段，因为倾斜度变了方向，我们就说它是"负的"。

最后，在 e 点倾斜度成了直角，就是切线与垂直线几乎平行的时候，这条曲线变得非常陡。x 若只无限小地增加一点儿的时候，y 的值还是一样。

知道了这个例子后，对于诱导函数的研究，它有多大，它是正或负，都可以指示出曲线的变化来。这正和用它表示速度时，可以看出运动的变化情形一样。

你看！诱导函数这么一点儿小家伙，它的花招有多少！

六、无限小的量

量本来是抽象的，为了容易想象，我们前面说诱导函数的效用和计算法的时候，曾经找出运动的现象来做例子。现在要确切一点儿地来讲明白数学的函数的意义，我们用的方法虽然和前面用过的相似，但要比它更一般些。

诱导函数的一般定义是怎样的呢？

从以前所讲过的许多例子中可以看出来：诱导函数是表示函数的变化的，无论那函数所倚靠的变数小到什么地步，总归可表示出函数在那儿所起的变化。诱导函数指示给我们看，那函数什么时候渐渐变大和什么时候渐渐变小。它又指示给我们，这种变化什么时候来得快，什么时候来得慢。而且它所能指示的，并不是大体的情形，简直连变数的值即使只有无限小的一点儿变化，函数的变化状态也指示得非常清楚。因此，研究函数的时候，诱导函数实在占据着很重要的位置。关于这种巧妙的方法的研究和解释，以及关于它的计算的发明，都是非常有趣的。它的发明十分奇异，结果又十分丰富，这可算是一种奇迹吧！

然而追根究底，它不过是从数学的符号的运用当中诱导出来的。不是吗？我们用 Δ 这样一个符号放在一个量的前面，算它所表示的量是无限小的，它可以逐渐减小下去，而且是可以无限地减小下去的。我们跟着就研究这种无限小的量的关系，便得出"诱导函数"这一个奇怪的量。

起源虽很简单，但这些符号也并不是就可以任意诱导出来的。照我们前面已讲明的看来，它们原是为了研究任何函数无限小的变化的基本运算才产生的。它逐渐展开的结果，对于一般的数学的解析，却变成了一个精确、恰当的工具。

这也就是数学中，微分学这一部分，又有人叫它解析数学的原因。

一直到这里，我们已经好几次说到，对于诱导函数这一类东西，要给它一个精确的定义，但始终还是没有做到，这总算一件憾事。原来要抽象地了解它，本不容易，所以只好慢慢地再说吧。单是从数学计算的实际上，是不能再找到这些东西的定义了，所以只好请符号来说明。一开始举例，我们就用字母来代表运动的东西，这已是一种符号的用法。

后来讲到函数，我们又用到下面这种形式的式子：

$$y=f(x)$$

这式子自然也只是一个符号。这符号所表示的意思，虽则前面已经说过，为了明白起见，这里无妨再重述一遍。x 表示一个变数，y 表示随了 x 变的一个函数。换句话说就是：对于 x 的每一个数值，我们都可以将 y 的相应的数值计算出来。

在函数以后讲到诱导函数，又用过几个符号，将它连在一起，可以得出下面的式子：

$$y'=\lim_{\Delta t \to 0}\frac{\Delta y}{\Delta x}$$

y' 表示诱导函数，这个式子就是说，诱导函数是：当 Δx 以及 Δy 都近于 0 的时候，$\frac{\Delta y}{\Delta x}$ 这个比的极限。

再把话说得更像教科书一些，那么：

诱导函数是："当变数的增量 Δx 和增量 Δy 都无限减小时，Δy 和 Δx 的比的极限。"到了这极限时，我们另外用一个符号 $\frac{dy}{dx}$ 表示。

朋友！你还记得吗？一开场我就说过，为这个符号我曾经碰了一次大钉子，现在你不费吹灰之力就看见了它，总算便宜了你。你好好地记清楚它所表示的意义吧！用场多着呢！有了这个新符号，诱导函数的式子又多一个写法：

$$\frac{dy}{dx}=y'$$

dy 和 dx 所表示的都是无限小的量，它们同名不同姓，dy 叫 y 的"微分"，dx 叫 x 的"微分"。在这里，应当注意的是：dy 或 dx 都只是一个符号，若看成和代数上写的 ab 或 xy 一般，以为是 d 和 y 或 d 和 x 相乘的意思，那就大错了。好比一个人姓张，你却叫他一声弓长先生，你想，他会不会对你失敬呢？

从 $\frac{dy}{dx}=y'$ 这式子变化一番，就可得出一个很重要的关系：

$$dy=y'dx$$

这就是说："函数的微分等于诱导函数和变数的微分的乘积。"

我们已经规定清楚了几个数学符号的意思：什么是诱导函数，什么是无限小，什么是微分，现在就用它们来研究和分解几个不同的变数。

对于这些符号，老实说，也可以像其他符号一样，用到各种各样的计算中。但是有一点却要非常小心，和这些量的定义矛盾的地方就得避开。

闲话少讲，还是举几个例子出来，先举一个最简单的。

假如 S 是一个常数，等于三个有限的量 a，b，c 与三个无限小的量 dx，dy，dz 的和，我们就知道：

$$a+b+c+dx+dy+dz=S$$

在这个式子里面，因为 dx，dy，dz 都是无限小的变量，而且可以任意使它们小到不可用言语表达出来的地步。因此干脆一点儿，我们简直可以使它们都等于 0，那就得出下面的式子：

$a+b+c=S$

你又要捉到一个漏洞了。早先我们说芝诺把无限小想成等于 0 是错的，现在我自己却马马虎虎地也跳进了这个圈子。但是，朋友！小心之余还得小心，捉漏洞，你要看好了它真是一个漏洞，不然，近视眼看着墙壁上的一只小钉，以为是苍蝇，一手拍去，对钉子来说没有什么大碍，然而手该多痛啊！

在这个例子中，因为 S 和 a，b，c 都是有限的量，不能偷换，留几个小把戏夹杂在当中跳去跳来，反而不雅观，这才可以干脆说它们都等于 0。芝诺所谈的问题，他讲到无限小的时间，同时讲到无限小的空间，两个小把戏跳在一起，那就马虎不得，干脆不来了。所以假如一个式子中不但有无限小的量，还有另一个无限小的量相互关联着，那我们就不能硬生生地说它们等于 0，将它们消去，我们在前面不是已经看到过吗？无限小和无限小关联着，会得出有限的值来。朋友！有一句俗话说："一斗芝麻拈一颗，有你不多，无你不少。"但是倘若就只有两三颗芝麻，你拈去了一颗，不是只剩二分之一或三分之二了吗？

无限小可以省去和不省去的条件你明白了吗？无限大也是一样的。

上面的例子是说，在一个式子当中，若是含有一些有限的数和一些无限小的数，那无限小的数通常可以略掉。假如在一个式子中所含有的，有些是无限小的数，有些却是两个无限小的数的乘积。小数和小数相乘，数值便越乘越小。一个无限小的数已经够小了，何况是两个无限小的数的乘积呢？因此，这个乘积对于无限小的数，同前面的理由一样，也可以略去。假如，有一个下面的式子：

$$dy=y'dx+dvdx$$

在这里面 dv 也是一个无限小的数，所以右边的第二项便是两个无限小的数的乘积，它对一个无限小的数来说，简直是无限小中的无限小。对于有限数，无限小的数可以略去。同样地，对于无限小的数，这无限小中的无限小，也就可以略去。

两个无限小的数的乘积，对一个无限小的数说，我们称它为二次无限小数。同样地，假如有三个或四个无限小数相乘的积，对于一个无限小的数（平常我们也说它是一次无限小的数），我们就称它为三次或四次无限小的数。通常二次以上的，我们都称它们为高次无限小的数。假如，我们把有限的数，当成零次的无限小的数看，那么，我们可以这样说：在一个式子中，次数较高的无限小数对于次数较低的，通常可以略去。所以，一次无限小的数对于有限的数，可以略去，二次无限小的数对于一次的，也可以略去。

在前面的式子当中，我们已经知道，若两边都用同样的数去除，结果还是相等的。我们现在就用 dx 去除，于是得出：

$$\frac{dy}{dx}=y'+dv$$

在这个新得出来的式子当中，左边 $\dfrac{dy}{dx}$ 所含的是两个无限小的数，它们的比等于有限的数 y'。这 y' 我们称为函数 y 于变数 x 的诱导函数。因为 y' 是有限的数，dv 是无限小的，所以它对于 y' 可以略去。因此，$\dfrac{dy}{dx}=y'$ 或是两边再用 dx 去乘，这式子也是不变的，所以：$dy=y'dx$。

这个式子和之前比较，就是少了那两个无限小的数的乘积（dv dx）这一项。

这一节到此结束，我们再换个新鲜的题目来谈吧！

七、二次诱导函数——加速度

数学上的一切法则，都有一个应当留意到的特性，就是无论什么法则，在它成立的时候，使用的范围虽然有一定的限制，但我们也可尝试一下，将它扩充出去，用到一切的数或一切的已知函数。我们可将它和别的法则联合起来，使它能够产生更大的效果。

嗬！这又是一段"且夫天下之人"之流的空话了，还是举例吧。

在算术里面，学了加法，就学减法，但是它真小气得很，只允许你从一个数当中减去一个较小的数，因此有时就免不了要碰壁。比如从一斤中减去八两，你立刻就回答得出来，还剩半斤 [1]。但是要从半

---

[1] 当时的计量单位与现在不同，一斤为十六两。

斤中减去十六两，你还有什么法子？碰了壁就完了吗？人总是不服气的，越是触霉头，越想往那中间钻。除非你是懒得动弹的大少爷，或是没有力气的大小姐，碰了壁就此罢手！那么，在这碰壁的当儿，额角是碰痛了，痛定思痛，总得找条出路，从半斤中减去十六两怎么减呢？我们发狠一想，便有两条路：一条无妨说它是"大马路"，因为人人会走，特别是大少爷和大小姐喜欢去散步。这是什么？其实只是一条不是路的路，我们干干脆脆地回答三个字"不可能"。你已说不可能了，谁还会再为难你呢，这不就是不了了之了吗？然而，仔细一想，朋友，不客气地说，咱们这些享有四千多年文化的黄帝的子孙，现在焦头烂额，衣食都不能自给，就是上了这不了了之的当。"不可能！不可能！"老是这样叫着，要自己动手，推脱是不行的。连别人明明已经做出的，初听见乍看着，因为怕动脑，也还说不可能。见了火车，有人和你说，已经有人发明了可以在空中飞的东西，你心里会想到"这不可能"；见了一根一根搭在空中的电线，别人和你说，现在已有不要线的电报、电话了，你心里也会想到"这是不可能"……朋友！什么是可能的呢？请你回答我！你不愿意答应吗？我替你回答："老祖宗传下来的，别人做现成的，都可能。此外，那就要看别人，和别人的少爷、小姐，好少爷、好小姐们了！"嗬！多么大气量！

对不起，笔一溜，说了不少废话，而且也许还很失敬，不过我还得声明一句，目的只有一个，希望我们不要无论想到什么地方都只往

"大马路"上靠，我们的路是第二条。

我们从半斤中减去十六两碰了壁，我们硬不服，创造出一个负数的户头来记这笔苦账，这就是说，将减法的定义扩充到正负两种数。不是吗？你欠别人十六两高粱酒，他来向你讨，偏偏不凑巧你只有半斤，你要还清他，不是差八两吗？"差"的就是负数了！

法则的扩充，还有一条路。因为我们将一个法则的限制打破，只是让它能够活动的范围扩大起来。但除此以外，有时，我们又要求它能够简单些，少消耗我们一点儿力量，让我们在其他方面也去活动活动。举个例子说，一种法则若是要重复地运用，我们也可以想一个方法来代替它。比如，从 150 中减去 3，减了一次又一次，多少次可以减完？这题目自然是可能的，但真要去减谁有这样的耐心！没趣得很，是不是？于是我们就另开辟一条行人便道，那便是除法。将 3 去除 150 就得 50。要回答上面的问题，你说多少次可减完？同样地，加法，若只是同一个数尽管加了又加，也乏味得很，又另开辟一条路，挂块牌子叫乘法。

话说回来，我们以前讲过的一些方法，也可以扩充它的应用范围吗？也可以将它的法则推广吗？

讲诱导函数的时候，我们限定了，对于 x 的每一个值，都有一个固定的极限。所以，我们就知道，对于 x 的每一个值，它都有一个相应的值。归根结底，我们便可以将诱导函数 y' 看成 x 的已知函数。结果，一样地，也就可以计算诱导函数 y' 对于 x 的诱导函数，这就成为

········· 057 ·········

诱导函数的诱导函数了。

我们叫它是二次诱导函数，用 y' 表示。

其实，要得出一个函数的二次诱导函数，并不是难事，将诱导函数法连用两次就好了，比如前面我们拿来做例子的：

$$e=t^2 \qquad\qquad （1）$$

它的诱导函数是：

$$e'=2t \qquad\qquad （2）$$

将这个函数，照 $d=5t$ 的例计算，就可得出二次诱导函数：

$$e''=2 \qquad\qquad （3）$$

二次诱导函数对于一次诱导函数的关系，恰和一次诱导函数对于本来的函数的关系相同。一次诱导函数表示本来的函数的变化，同样地，二次诱导函数就表示一次诱导函数的变化。

我们开始讲诱导函数时，用运动来做例子，现在再借它来解释二次诱导函数，看看能衍生出什么玩意儿。

我们曾经从运动中看出来，一次诱导函数是表示每一刹那，一个点的速度。所谓速度的变化究竟是什么意思呢？假如一个东西，第一秒钟的速度是 4 米，第二秒钟是 6 米，第三秒钟是 8 米，这速度越来越大，按我们平常的说法，就是它越动越快。若是说得文气一点儿，便是它的速度逐渐增加，你不要把"增加"这个词看得太呆板了，所谓增加也就是变化的意思。所以速度的变化，就只是运动的速度的增加，我们便说它是那运动的"加速度"。

要想求出一个运动着的点在一刹那的加速度，只需将从前我们所用过的求一刹那的速度的方法，重复用一次就行了。不过，在第二次的时候，有一点必须加以注意：第一次我们求的是距离对于时间的诱导函数，而第二次所求的却是速度对于时间的诱导函数。结果，所谓加速度这个东西，便等于速度对于时间的诱导函数。我们可以用下面的一个式子来表示这种关系：

$$加速度 = \frac{dy'}{dt} = y''$$

因为速度是用运动所经过的距离对于时间的诱导函数来表示，所以加速度也只是这运动所经过的距离对于时间的二次诱导函数。

有了一次和二次诱导函数，应用它们，对于运动的情形我们更能知道得清楚些，它的速度的变化是怎样一个情景，我们便可完全明了。

假如一个点始终是静止的，那么它的速度便是 0，于是一次诱导函数也就等于 0。

反过来，假如一次诱导函数，或是说速度等于 0，我们就可以断定那个点是静止的。

跟着这个推论，比如已经知道了一种运动的法则，我们想要找出这运动着的点归到静止的时间，只要找出什么时候，它的一次诱导函数等于 0，那就成了。

随便举个例来说，假设有一个点，它的运动法则是：

$$d = t^2 - 5t$$

由以前讲过的例子，t^2 的诱导函数是 $2t$，而 $5t$ 的诱导函数是 5，所以：

$d'=2t-5$

就是这个点的速度，在每一刹那 t 是 $2t-5$，若要问这个点什么时候静止，只要找出什么时候它的速度等于 0 就行了。但是，它的速度就是这运动的一次诱导函数 d'。所以若 d' 等于 0 时，这个点就是静止的。我们再来看 d' 怎样才等于 0。它既等于 $2t-5$，那么 $2t-5$ 若等于 0，d' 也就等于 0。因此我们可以进一步来看 $2t-5$ 等于 0 需要什么条件。我们试解下面的简单方程式：

$2t-5=0$

解这个方程式的法则，我相信你没有忘掉，所以我只简洁地回答你，这个方程式的根是 2.5。假如 t 是用秒做单位的，那么，便是 2.5 秒的时候，d' 等于 0，就是那个点在运动 2.5 秒后归于静止。

现在，我们另外讨论别的问题，假如那点的运动是等速的，那么，一次诱导函数或是说速度，是一个常数。因此，它的加速度，或是说它的速度的变化，便等于 0，也就是二次诱导函数等于 0。一般的情况，一个常数的诱导函数总是等于 0 的。

又可以掉过话头来说，假如有一种运动法则，它的二次诱导函数是 0，那么它的加速度自然也是 0。这就是表明它的速度老是一个样子没有什么变化。从这一点，我们可以知道，一个函数，若它的诱导函数是 0，它便是一个常数。

再接着推下去，若是加速度或二次诱导函数，不是一个常数，我们又可以看它有什么变化了。要知道它的变化，不必用别的方法，只要找它的诱导函数就行了。这一来，我们得到的却是第三次诱导函数。在一般的情形当中，这第三次诱导函数也不一定就等于 0 的。假如，它不是一个常数，就可以有诱导函数，这便成第四次的了。照这样尽管可以推下去，不过连续地重复用那诱导函数法罢了。无论第几次的诱导函数，都表示它前一次的函数的变化。

这样看来，关于函数变化的研究是可以穷追下去的。诱导函数不但可以有第二次的、第三次的，简直可以有无限次数的。这全看那些数的气量如何，只要不是被我们追过几次便板起脸孔，死气沉沉地成了一个常数，我们才可以就此停手。

八、局部诱导函数和全部的变化

　　朋友，你对火柴盒一定不陌生吧？它是长方形的，有长，有宽，又有高，这你都知道，不是吗？对于这种有长，有宽，又有高的东西，我们要计算它的大小，就得算出它的体积。算这种火柴盒的体积的方法，算术里已经讲过了，是把它的长、宽、高相乘。因此，这三个数中若有一个变了一点儿，它的体积也就跟着变了，所以可以说火柴盒的体积是这三个量的函数，即设若它的长是 a，宽是 b，高是 c，体积是 V，我们就可得出下面的式子：

　　$V=abc$

　　假如你的火柴盒是燮昌公司的，我的却是丹凤公司的，你一定要和我争，说你的火柴盒的体积比我的大。朋友！空口说白话，绝对不能让我心服，你有办法向我证明吗？你只好将它们的长、宽、高都比一比，找出燮昌的盒子有一边，或两边，甚至三边，都比丹凤的盒子要长些，你真能这样，我自然只好哑口无言了。

图 8-1

我们借这个小问题做引子，来看看火柴盒这类东西的体积的变化是怎样的。先假设它的长 a，宽 b 和高 c 都是可以随我们的意思伸缩的，再假设它们的变化是连续的，好像你用打气筒套在足球的橡皮胆上打气一样。火柴盒的三边既然是连续地变，它的体积自然也得跟着连续地变，而恰好是三个变数 a，b，c 的连续函数。到了这里，我们就有了一个问题："当这三个变数同时连续地变的时候，它们的函数 V 的无限小的变化，我们怎样去测量呢？"

以前，为了要计算无限小的变化，我们请出了一件法宝——诱导函数，不过那时的函数是只依赖着一个变数的。现在，我们就来看这件法宝碰到了几个变数的函数时，还灵不灵。

第一步，我们能够将下面的一个体积：

$$V_1=a_1b_1c_1$$

由以下将要说到的非常简便的方法变成一个新体积：

$$V_2=a_2b_2c_2$$

开始，我们将这体积的宽 b_1 和高 c_1 保持原样，不让它改变，只使长 a_1 加大一点儿变成 a_2。

图 8-2

接着，将 a_2 和 c_1 保持原样，只让宽 b_1 变到 b_2。

图 8-3

最后，将 a_2 和 b_2 保持原样，只将 c_1 变到 c_2。

图 8-4

这种方法，我们用了三个步骤使体积 V_1 变到 V_2 的，每一次我们都只让一个变数改变。

只依赖着一个变数的函数，它的变化，我们以前是用这个函数的诱导函数来表示。

同样的理由，我们每次都可以得出一个诱导函数来。不过这里所得的诱导函数，都只能表示那函数的局部的变化，因此我们就替它们取一个名字叫"局部诱导函数"。从前我们表示 y 对于 x 的诱导函数用 $\dfrac{dy}{dx}$ 表示，现在，对于局部诱导函数我们也用和它相似的符号表示，就是：

$$\frac{\partial V}{\partial a}, \ \frac{\partial V}{\partial b}, \ \frac{\partial V}{\partial c}$$

第一个表示只将 a 当变数，第二个和第三个相应地表示只将 b 或 c 当变数。

你将前面说过的关于微分的式子记起来吧！

$dy=y'dx$

同样地，若要找 V 的变化 dV，那就得将它三边的变化加起来，所以：

$$dV=\frac{\partial V}{\partial a}da+\frac{\partial V}{\partial b}db+\frac{\partial V}{\partial c}dc$$

dV 这个东西，在数学上管它叫"总微分"或"全微分"。

由上面的例子，推到一般的情形，我们就可以说："几个变数的函数，它的全部变化，可以用它的总微分表示。这总微分呢，便等于这函数对于各变数的局部微分的和。"所以要求出一个函数的总微分，必须分次求出它对于每一个变数的局部诱导函数。

九、积分学

　　数学的园地里，最有趣味的一件事，就是许多重要的高楼大厦，有一座向东，就一定有一座向西，有一座朝南，就有一座朝北，使游赏的人，走过去又可以走回来。而这些两两相对的亭台楼阁，里面的一切结构、陈设、点缀，都互相关联着，恰好珠联璧合，相得益彰。

　　不是吗？你会加就得会减，你会乘就得会除；你学了求公约数和最大公约数，你就得学求公倍数和最小公倍数；你知道怎样通分的原理，你就得懂得怎样约分；你知道乘方的方法还不够，必须要知道开方的方法才算完全。原来一反一正不只是做文章的大道理呢！加法、乘法……算它们是正的，那么，减法、除法……恰巧相应的就是它们的还原，所以便是反的。

假如微分法算是正的，有没有和它相反的方法呢？

朋友！一点儿不骗你，正有一个和它相反的方法，这就是积分法。倘使没有这样一个方法，那么我们知道了一种运动的法则，可以算出它在每一刹那的速度，有人和我们开玩笑，说出一个速度来，要我们回答他这是一种什么运动，那不是糟了吗？他若再不客气点儿，还要我们替他算出在某一个时间中，那运动所经过的空间距离，我们怎样下台？

假如别人向你说，有一种运动的速度，总是 2.5 公里每小时，要求它的运动法则，你自然会不假思索地回答他：

$d=5t$

他若问你，8 个钟头的时间，这运动的东西在空间经过了多长距离，你也可以轻轻巧巧地就说出是 20 公里。

但是，这是一个极简单的等速运动的例子呀！碰到的若不是等速运动，怎么办呢？

倘使你碰到的是一个粗心马虎的阔少，你只要给他一个大致的回答，他就很高兴，那自然什么问题也没有。不是吗？咱们中国人是大方惯了的，算什么都四舍五入，又痛快又简单。你去过菜市场吗？你看那卖菜的虽是提着一杆秤在称，但那秤总不要它平，而且称完了，买的人觉得不满足，还可任意从篮子里抓一把来添上。在这样的场合，即使有人问你什么速度、什么运动，你可以很随便地回答他。其实呢，在日常生活中，本来用不到什么精密的计算，所以上面提出的问题，若为实际运用，只要有一个近似的解答就行了。

近似的解答并不难找，只要我们能够知道一种运动的平均速度就可以了。举一个例子，比如，我们知道一辆汽车，它的平均速度是每小时40公里，那么，5小时它"大约"行驶了200公里。

但是，我们知道了那汽车真实的速度，常常是变动的，又想要将它在一定的时间当中所走的路程计算得更精密些，就要知道许多相离很近的刹那的速度——一串平均速度。

这样计算出来的结果，自然比前面用1小时做单位的平均速度来计算所得的要精确些。我们所取的一串平均速度，数目越多，互相隔开的时间间隔越短，所得的结果，自然也就越精确。但是，无论怎样，总不是真实的情形。

怎样解决这个问题呢？

一辆汽车在一条很直的路上行驶了一个小时，它每一刹那的速度，我们也知道了。那么，它在一个小时内所经过的路程，究竟是怎样的呢？

第一个求近似值的方法：可以将一个小时的时间分成每5分钟一个间隔。在这十二个间隔当中，每一个间隔，我们都选一个，在一刹那的真速度。比如说在第一个间隔里，每分钟 v_1 米是它在某一刹那的真实速度；在第二个间隔里，我们选 v_2；第三个间隔里，选 v_3……这样一直到 v_{12}。

　　这辆汽车在第一个 5 分钟时间内所经过的路程，和 $5v_1$ 米相近；在第二个 5 分钟里所经过的路程，和 $5v_2$ 米相近，以下也可以照推。

　　它一个小时所通过的距离，就近于经过这十二个时间间隔所走的距离的和，就是说：

　　$d=5v_1+5v_2+5v_3+\cdots\cdots+5v_{12}$

　　这个结果，也许恰好就是正确的，但对我们来说也没有用，因为它是不是正确的，我们没有办法去决定。一般来说，它总是和真实的相差不少。

　　实际上，上面的方法，虽已将时间分成了十二个间隔，但在每 5 分钟这一段里面，还是用一个速度来做成平均速度。虽则这个速度，在某一刹那是真实的，但它和平均速度比较起来，也许太大了或是太小了。跟着，我们所算出来的那段路也说不定会太大或太小。所以，这个算法要得出确切的结果，差得还远呢！

　　不过，照这个样子，我们还可以做得更精细些，无妨将 5 分钟一段的时间间隔分得更小些，比如说，1 分钟一段。那么所得出来的结果，即便一样地不可靠，相差的程度总会小些。就照这样做下去，时间的间隔越分越小，我们用来做代表的速度，也就更近于那段时间中的平均速度。我们所得的结果，跟着便更近于真实的距离。

　　除了这个方法，还有第二个求近似值的方法：假如在那一个小时的时间内，每分钟选出的一刹那的速度是 v_1，v_2，$v_3\cdots\cdots v_{60}$，那么所经过的距离 d 便是：

$$d = v_1 + v_2 + v_3 + \cdots + v_{60}$$

照这样继续做下去，把时间的段数越分越多，我们所得出的距离近似的程度就越来越大。这所经过的路程的值，我们总用项数逐渐增加，每次的数值逐渐近于真实，这样的许多数的和来表示。实际上，每一项都是表示一个很小的时间间隔乘一个速度所得的积。

我们还得将这个方法继续讲下去，请你千万不要忘掉，和数中的各项，实际都是表示那路程的一小段。

我们按照数学上惯用的假设来说：现在我们想象将时间的间隔继续分下去，一直到无限，那么，最后的时间间隔，便是一个无限小的量了，用我们以前用过的符号来表示，就是 Δt。

我们不要再找什么很小的时间间隔中的任何速度了吧，还是将以前讲过的速度的意义记起来。确实，我们能够将时间间隔无限地分下去，到无限小为止。在这一刹那的速度，依以前所说的，便是那运动所经过的路程对于时间的诱导函数。由此可见，这速度和这无限小的时间的乘积，便是一刹那运动所经过的路程。自然这路程也是无限小的，但是将这样一个个无限小的路程加在一起，不就是一个小时内总共的真实路程了吗？不过，道理虽是这样，一说就可以明白，实际要照普通的加法去加，却无从下手。不但因为每个相加的数都是无限小的，还有这加在一起的无限小的数的数目却是无限大的。

一个小时的真实路程既然有办法得到，只要将它重用起来，无论多少小时的真实路程也就可以得到了。一般地说，我们仍然设时间是 t。

照上面看起来，对于每一个 t 的值，我们都可以得出距离 d 的值来，所以 d 便是 t 的函数，可以写成下面的样子：

$d=f(t)$

换句话来说，这就是表示那运动的法则。

归根结底，我们所要找寻的只是将一个诱导函数还原转去的方法。

从前是知道了一种运动法则，要求它的速度，现在却是由速度要反过来求它所属的运动法则。从前用过的由运动法则求速度的方法，叫作诱导函数法，所以得出来的速度也叫诱导函数。

现在我们所要找的和诱导函数法正相反的方法便叫"积分法"。所以一种运动在一段时间内所经过的距离 d，便是它的速度对于时间的"积分"。

顺着前面看下来，你大概已经明白"积分"是什么意思了。为了使我们的观念更清晰，用一般惯用的名词来说，所谓"积分"就是："无限大的数目这般多的一些无限小的量的总和的极限。"

话虽只有一句，"的"字太多了，恐怕反而有些眉目不清吧！那么，重说一次，我们将许许多多的，简直是数不清的，一些无限小的量加在一起，但这不能照平常的加法去加，所以只好换一个方法，求这个总和的极限，这极限便是"积分"。

这个一般的定义虽然也能够用到关于运动的问题上去，但我们现在还能进一步去研究它。只需把已说过的关于速度这种函数的一些话，重复一番就好了。

设若 y 是变数 x 的一个函数，照一般的写法：

$y=f(x)$

对于每一个 x 的值，y 的相应值假如也知道了，那么，函数 $f(x)$ 对于 x 的积分是什么东西呢？

因为积分法就是诱导函数法的反方法，那么，要将一个函数 $f(x)$ 积分，无异于说另外找一个函数，比如是 $F(x)$，而这个函数不可以随便拿来搪塞，$F(x)$ 的诱导函数必须恰好是函数 $f(x)$。这正和我们知道了 3 和 5 要求 8 用加法，而知道了 8 同 5 要求 3 用减法是一样的，不是吗？在代数里面，减法精密的定义就得这样："有 a 和 b 两个数，要找一个数出来，它和 b 相加就等于 a，这种方法便是减法。"

前面已经说过的积分法，我们再来做个例子。

我们先选好一段变数的间隔，比如，有了起点 O，又有 x 的任意一个数值。我们就将 O 和 x 当中的间隔分成很小很小的小间隔，一直到可以用 Δx 表示。在每一个小小的间隔里，我们随便选一个 x 的值 x_1，x_2，x_3……

图 9-1

因为函数 $f(x)$ 对于 x 的每一个值都有相应的值，它相应于 x_1，x_2，x_3……的值我们可以用 $f(x_1)$，$f(x_2)$，$f(x_3)$ ……来表示，那么这总和就应当是：

$$f(x_1)\Delta x + f(x_2)\Delta x + f(x_3)\Delta x + \cdots\cdots$$

在这个式子里面 Δx 越小，也就是我们将 Ox 分的段数越多，它的项数跟着也就多起来，但是每项的数值却越来越小了。这样我们不是又可以得出另外一个不同的总和来了吗？假如继续不断地照样做下去，逐次新做出来的总比前一次精确些。到了极限，这个和就等于我们要找的 $F(x)$ 了。所以积分法，就是要求一个总和。$F(x)$ 是 $f(x)$ 的积分，掉过来 $f(x)$ 就是 $F(x)$ 的诱导函数，由前面的微分的表示法：

$$dF(x) = f(x)\,dx \qquad\qquad (1)$$

若把一个 S 拉长了写成"$\int$"这个样子，作为积分的符号，那么 $F(x)$ 和 $f(x)$ 的关系又可以这样表示：

$$F(x) = \int f(x)\,dx \qquad\qquad (2)$$

（1）（2）两个式子的意义虽然不相同，但表示的两个函数的关系却是一样的，这恰好和"赵阿狗是赵阿猫的爸爸"和"赵阿猫是赵阿狗的孩子"一样。意味呢，全然两样。但"阿狗""阿猫"都姓赵，而且"阿狗"是爸爸，"阿猫"是孩子，这个关系，在两句话当中总是一样地包含着。

讲诱导函数的时候，先用运动来做例子，再从数学上的运用去研究它。积分法，除了知道速度，去求一种运动的法则以外，还有没有别的用场呢？

十、面积的计算

　　将前节讲过的方法拿来运用，再没有比求矩形的面积更简单的例子了。比如有一个矩形，它的长是 a，宽是 b，它的面积便是 a 和 b 的乘积，这在算术上就讲过。像下图所表示的，长是 6，宽是 3，面积就恰好是 $3×6=18$ 个方块。

　　假如这矩形有一边不是直线——那自然就不能再叫它是矩形——要求它的面积，也就不能按照求矩形的面积的方法这般简单。那么，我们有什么办法呢？

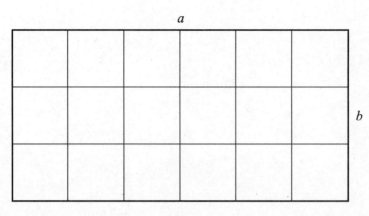

图 10-1

假使我们所要求的是下图中 $ABCD$ 线所包围着的面积，我们知道 AB、AD 和 DC 的长，并且又知道表示 BC 曲线的函数（这样，我们就可以知道 BC 曲线上各点到 AB 线的距离），我们用什么方法，可以求出 $ABCD$ 的面积呢？

图 10-2

一眼看去，这问题好像非常困难，因为 BC 线非常不规则，真是有点儿不容易对付。但是，你不必着急，只要应用我们前面已说过好几次的方法，就可以迎刃而解了。一开始，无妨先找它的近似值，再连续地使这近似值渐渐地增加它的近似的程度，直到我们得到精确的值为止。

这个方法，的确非常自然。前面我们已讨论过无限小的量的计算法，又说过将一条线分了又分，一直分到无穷的方法，这些方法就可以供我们来解决一些较复杂、较困难的问题。先从粗疏的一步入手，循序渐进，便可达到精确的一步。

第一步，简直一点儿困难都没有，因为我们所要的只是一个大概的数目。

先把 ABCD 分成一些矩形，这些矩形的面积，我们自然已经会算了。

假如 S 的面积，差不多等于 1、2、3、4 四个矩形的和，我们就先来算这四个矩形的面积，用它各自的长去乘它各自的宽。

这样一来，我们第一步所可得到的近似值，便是这样：

$$S=AB' \times Ab + ab \times bd + cd \times df + fD \times CD$$

$$（1）\quad （2）\quad （3）\quad （4）$$

图 10-3

不用说，从图 10-3 一看就可知道，这样得出来的结果相差很远，
S 的面积比这四个矩形的面积的和大得多。图中用了斜线画着的那四
块，全都没有算在里面。

但是，这个误差，我们并不是没有一点儿办法补救的。先记好
表示 BC 曲线的函数是已经知道的，我们可以求出 BC 上面各点到直
线 AD 的距离。反过来就是对于直线 AD 上的每一点，可以找出它们
和 BC 曲线的距离。假如我们把 AD 看作和以前各图中的水平线 OH
一样，AB 就恰好相当于垂直线 OV。在 AD 线上的点的值，我们就可
说它是 x，相应于这些点到 BC 的距离便是 y，所以 AD 上的一点 P 到
BC 的距离就是一个变数。现在我们说 AP 的距离是 x，AD 上面另外
有一点 P'，AP' 的距离是 x'，过 P 和 P' 都画一条垂直线同 BC 相交在
p 和 p_1。pP，p_1P' 就相应地表示函数在 x 和 x' 那两点的值 y 和 y'。

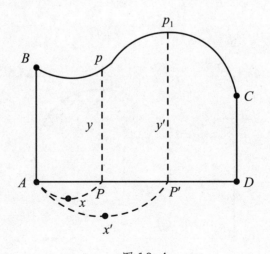

图 10-4

结果，无论 P 和 P' 点在 AD 的什么地方，我们都可以将 y 和 y' 找出来，所以 y 是 x 的函数，可以写成：

$y=f(x)$

这个函数就是 BC 曲线所表示的。

现在，再来求面积 S 的值吧！将前面的四个矩形，再分成一些数目更多的较小的矩形。由图 10-5 就可看明白，那些从曲线上画出的和 AD 平行的短线都比较挨近曲线；而斜纹所表示的部分也比图 10-3 的减小了。因此，用这些新的矩形的面积的和来表示所求的面积：$S=1+2+3+\cdots\cdots+12$，比前面所得的误差就小得多。

图 10-5

再把 AD 分成更小的线段，比如是 Ax_1，Ax_2，Ax_3……由各点到曲线 BC 的距离设为 y_1，y_2，y_3……这些矩形的面积就是：

$y_1 \times x_1$，$y_2 \times (x_2-x_1)$，$y_3 \times (x_3-x_2)$ ……

而总共的面积就等于这些小面积的和，所以：

S（近似值）$=y_1×x_1+y_2×（x_2-x_1）+y_3×（x_3-x_2）+……$

若要想得出一个精确的结果，只需继续把 AD 分得段数一次比一次多，每段的间隔一次比一次短，每次都用各个小矩形的面积的和来表示所求的面积。那么，S 和这所得的近似值，误差便越来越小了。

这样做下去，到了极限，就是说，小矩形的数目是无限多，而它们每一个的面积，便是无限小，这一群小矩形的和便是真实的面积 S。

但是，所谓数目无限的一些无限小的量的和，它的极限，照前节所讲过的，这就是积分。所以我们刚才所讲的例子，就是积分在几何上的运用。

所求的面积 S，就是 x 的函数 y 对 x 的积分。

换句话说，求一条曲线所切成的面积，必须计算那些连续的近似值，一直到极限，这就是所谓的积分。

到这里，为了要说明积分的原理，我们已举了两个例子：第一个，是说明积分法就是微分法的还原；第二个，是表示出积分法在几何学上的意味。将这些范围和形式都不相同的问题的解决法贯通起来，就可以明白积分法的意义，而且还可以扩张它的使用的范围，不是吗？我们讲诱导函数的时候，也是一步一步地逐渐弄明白它的意义，同时也就扩张了它活动的领域。积分法既然是它的还原法，自然也可以照做了。比如说，前面我们只是用它来计算面积，但如果我们用它来计算体积，也一样。我们早就知道立方柱的体积等于它的长、宽、高相乘的积，假如我们所要求的那个物体的体积有一面是曲面，我们就可以先把它分成几部分，按照求立方柱的体积的方法，将它们的体积计算出来，然后将这几个积加在一起，这就是第一次的近似值了。和前面一样，我们可以再将各部分细化，求第二次、第三次……的近似值。这些近似值，因为越分项数越多，每项的值越小，所以近似程度就逐渐加高。到了最后，项数增到无限多，每项的值变成了无限小，这些和的极限，就是我们所求的体积，这种方法就是积分。

十一、微分方程式

在数学的园地中，微分法这个院落从建筑起来到现在，都在尽量地扩充它的地盘，充实它的内容，它真是与时俱进，越来越繁荣。它最初的基础虽简单，但现在，离开那初期的简单的模样，已不知有多远了。它从创立到现在已经是两世纪半，在这二百五十多年中，经过了不少高明工匠的苦心构思，便成了现在的蔚然大观。

很多数学家逐渐扩展它，使它一步步一般化，所谓无限小的计算，或叫作解析数学的这一支，就变成了现在的情景：数学中占了很广阔的地位，关于它的专门研究，以及一切的应用，也就不是一件容易弄清楚的事！

不过，要进一步去看里面的"西洋景"，这倒很难。毫不客气地说，若还像以前一样，离开许多数学符号，要想讲明白它，那简直是不可能的。因此，只好对不起，关于无限小的计算，我们可以大体讲一下，也就快收场了。但请你不要就此失望，下面所讲到的也还是一样重要。

从我们以前讲过许多次的例子看起来，所有关于运动的问题，都要用到微分法。因为一个关于运动的问题，它所包含着的，无论已知或未知的条件，总不外是延续在某一定时间当中的空间的路程，它的速度和它的加速度，而这三个量又恰好可以由运动的法则和这个法则的诱导函数表明。

所以，知道了运动的法则，就可以求出合于这法则的速度以及加速度。现在假如我们知道一些速度以及一些加速度，并且还知道要适合于它们所必需的一些不同的条件，那么，要表明这运动，就只差找出它的运动法则了。

单只空空洞洞地说，总是不中用，仍然归到切实一点儿的地步吧。关于速度和加速度，彼此之间有什么条件，在数学上都是用方程式来表示，不过这种方程式和代数上所讲的普通方程式有些不同罢了。最大的不同，就是它里面包含着诱导函数这个宝贝。因此，为了和一般的方程式划分门户，我们就称它是微分方程式。

在代数中，有了一个方程式，是要去找出适合于这方程式的数值来，这个数值我们叫它是这方程式的根。

和这个情形相似，有了一个微分方程式，我们是要去找出一个适合于它的函数来。这里的"适合"是什么意思呢？说明白点儿，就是比如我们找出了一个函数，将它的诱导函数的值，代进原来的微分方程式，这方程式还能成立，那就叫作适合于这个方程式。而这个被找出来的函数，便称为这个微分方程式的积分。

代数里从一个方程式去求它的根叫作解方程式，对于微分方程式要找适合于它的函数，我们就说是将这微分方程式来积分。

还是来举一个非常简单的例子。

比如在直线上有一点在运动着，它的加速度总是一个常数，这个运动的法则怎样呢？

在这个题目里，假设用 y'' 表示运动的加速度，c 代表一个一成不变的常数，那么我们就可以得到一个简单的微分方程式：

$$y''=c$$

你清楚地记得加速度就是函数的二次诱导函数，所以现在的问题，就是找出一个函数来，它的二次诱导函数恰好是 c。

这里的问题自然是最容易的，前面已经说过，一种均齐变化的运动的加速度是一个常数，但是若由数字上来找这个运动的法则，那就必须要将上面的微分方程式积分。

第一次（设变数是 t），我们将它积分得：

$$y'=ct$$

你要问这个式子怎样来的？我不再说了，你看以前的例子 $y''=c$

是从一个什么式子微分来的，就可以知道。

不过在这里有个小小的问题，照以前所讲过的诱导函数法算来，下面的两个式子都可以得出同样的结果 $y''=c$：

$y'=ct$

$y'=ct+a$（a 也是一个常数）

这两个式子恰好差了一项（一个常数），我们总是用第二个，而把第一个当成一种特殊情形（就是第二式中的 a 等于 0 的结果）。那么，a 究竟是什么数呢？朋友！对不起，"有人来问我，连我也不知"。我只知道它是一个常数。

这就奇怪了，我们将微分方程式积分得出来的，还是一个不完全确定的回答！但是，朋友！这算不了什么，不用大惊小怪！你在代数里面，解二次方程式时通常就会得出两个根，若问你哪一个对，你只好说都对。倘使，你所解的二次方程式，别人还另外给你一个什么限制，你的答案有时就只能容许有一个了。同这个道理一样，倘使另外还有条件，常数 a 也可以决定是怎么一回事。上面的两个式子当中，无论哪一个也还是一个微分方程式，再将这个微分方程式积分一次，所得出来的函数——$y=\dfrac{c}{2}t^2+at+b$（b 又是一个常数）——便表示我们所要找的运动法则。

无限小的计算，虽则我们所举过的例子都只是关于运动的，但物理的现象实在是以运动的研究做基础，所以很多物理现象，我们要去研究它们，发现它们的法则，以及将这些法则表示出来，都离不了这无限小的计算。实际上，除了物理学外，别的科学用到它的地方也非常广阔，天文、化学，这些不用说了，就是生物学和许多社会科学，也要倚赖着它。实际上，现在要想走进学术的园地去，恐怕除了作"月姐姐花妹妹"的诗，写"我爱你，你不爱我"的小说，和它不接触的机会总是很少的。

十二、数学究竟是什么

在这一节里，我打算写些关于数学的总概念的话，不过我踌躇了许久，这些话写出来究竟好不好？现在虽然写了，但我并不确定写出来比不写好一些。其实呢，关于"数学的园地"这个题目，要动手写，要这样写，就是到了快要完结的现在，我仍然怀疑。

第一个疑问是：谁要看这样的东西？对于对数学感兴趣的朋友，自己走到数学的园地里去观赏，无论怎样，得到的一定比看完这篇粗枝大叶的文字多。至于对数学没趣味的朋友，它却已经煞风景了，不是吗？假如我写的是甲男士遇到乙女士，怎样倾心，怎样拜倒，怎样追求，无论结果是好是坏，总可惹得一些人的心痒起来；倘若我写的是一位英雄的故事，他怎样热心救同胞，怎样忠于主义，怎样奋斗，无论他成功或失败，也可以引起一些人的赞赏、羡慕……数学无论如何总是叫人头痛的东西，谁会喜欢它？

第二个疑问：这样的写法，会不会反而给许多人一些似是而非的概念？

关于第一个疑问，我不想开口再说什么，只有这第二个疑问，却好像应该回应一下，这才对得起花费几个小时来看这篇文字的朋友们！

数学是什么？它究竟是什么？

真要回答这个问题吗？对不住，你若希望得到的是一个完全合于逻辑的条件的答案，我却只好敬谢不敏。说句老实话，只要有人回答得上来，我也要五体投地去请教他，而且将他的回答永远刻在我的肺腑里。那么，这里还能够说什么呢？我只想写几个别人的答案出来，这虽然不能使朋友们满意，但从它们也可以知道一点儿数学的园地的轮廓吧！

远在亚里士多德以前的一个回答，也是所有的回答当中最通俗的一个，它是这样说的："数学是计量的科学。"

朋友，这个回答你能够满足吗？什么叫作量？怎样去计算它？假如我们说，测量和统计都是计量的科学，这大概不会有什么毛病吧！虽然，它们的最后目的并不是只要求出一个量的关系来，但就它们的手段说，对于量的计算比较直接些。因此，到了孔德就将它改变了一下："数学是间接计量的科学。"

他要这样加以改变，并不是为了担心和测量、统计这些相混。实在是有许多量是无法直接测定或计算的，比如天空中闪动的星星的距离和大小，比如原子的距离和大小，一个大得不堪，一个小得可怜，我们这些笨脚笨手的人，是没法直接去测量它们的。

这个回答虽已进步了一点儿，它就能令我们满意吗？量是什么东西，这还是要解释的。先不去管它，我们姑且照常识的说法，给量一个定义。不过，就是这样，到了近代，数学的园地里增加了一些稀奇古怪的建筑，它也不能包括进去了。在那广阔的园地里面，有些新的亭楼、树立着的匾额，什么群论咧，投影几何咧，数论咧，逻辑的代数咧……这些都和量绝缘。

孔德的回答出了漏洞，于是又有许多人来加以修正，这要一个个地列举出来，当然不可能，随便举一个，即如皮尔士："数学是引出必要的结论的科学。"

他的这个回答，自然包括得宽广了些，但是也还有问题，所谓"必要的结论"是一个什么玩意儿呢？这五个字这样排在一起，它的意思就非加以解释不可了。然而他究竟怎样解释法，照他的解释能不能说明数学究竟是什么，这谁也不知道。

还有，从前数学的园地里面，都只是尽量地在各个院落中增加建筑、培植花木，即或另辟院落，也是向着前面开阔的地方去动手。近来却有些工匠异想天开地在后面背阴的地方要开辟出一条大道通到相邻的逻辑的园地去。他们努力的结果，自然已有相当的成绩，但把一座数学的园地弄得五花八门，要解释它就更困难了。最终，对于我们所期待的问题的回答，回答得越多，越"糊涂"。罗素更巧妙，简直像开玩笑一样，他说："Mathematics is the subject in which we never know what we are talking about nor whether what we are saying is true."

我不翻译这句话了，假如你真要我翻译，那我想这样译："有人来问我，连我也不知。"你应该知道这两句话的来历吧！

数学究竟是什么？我想要列举出来的回答，只有这样多。不是越说越惝恍，越说越不像样了吗？是的！虽不能简单地说明它，也就说明了它的一大半了！研究科学的人最喜欢给他所研究的东西下一个定义，所以冠冕堂皇的科学书，翻开第一页第一行就是定义，而且这些定义也差不多有一定的形式，用中国话说便是"某某者研究"什么什么"的科学"。若要写个"洋文调"，那便是"X is the science which Y"。这一来，无论哪个人花了几毛钱或几块钱将那本书买到手，翻开一看非常高兴，用不了五分钟，便可将书放到箱子里去，说起那一门的东西，自己也就可以回答出它讲的是什么。

然而，这简直和卖膏药的广告没什么区别。你只要把那本书读完，你就可以看出来，第一页第一行的定义简直是前几年限制兑现的中交票 [1]。若是你多跑些地方，你还可以知道有些中、交两行的分行

---

[1] 当时中国银行与交通银行发行的钞票。

也拒绝收用那钞票。

朋友！这不是什么毛病，你不要失望！假如有一门科学，已经可以给它下一个悬之国门不能增损一字的定义，也就算完事了。这正和一个人可以被别人替他写享年几十几岁一般，即使就是享年一百二十岁，他总归已经躺在棺材里了。每天还能吃饭、睡觉的人，不能说他享年若干岁。每时每刻进步不止的科学，也没有人能说明它究竟是什么东西！越是身心健全的人，越难推定他的命运；越是发展旺盛的科学，越难有确定的定义。

不过，我们将这正面丢开暂且不谈，掉转方向探究，数学的性质好像有一点是非常特别的，就是喜欢用符号。有0，1，2……9十个符号，以及"+""−""×""÷""="五个符号，便能记通常的数。计算它们，仅仅用加、减、乘、除，计算不方便。我们又画一条线来隔开两个数，说一个是分母，一个是分子，这一来就有了分数的计算。接连下去，在运算方面我们又有了比例的符号，在记数方面我们又有了方指数和根指数。关于数的记法，这还只是就算术说。到了代数，你知道的符号就更多了。到了微积分，其实也不过多几个符号而已。

数学之所以叫人头痛，大概就是这些符号在作怪。你把它看得活动，那它真活动，x在这个方程式代表的是人的年龄，在那个方程式就会代表乌龟的脑袋。你要把它看得呆，那它真够呆，对着它看三天三夜，x还只是x。你解不出那方程式，它不会来帮你的忙，也许还在暗中笑你蠢。

所谓数学家，依我说，就是一些能够支使符号的人物。他们写在数学书上的东西，说高深，自然是高深，真有些是不容易懂的，但假如不许他们用符号，他们就只好一筹莫展了！

所以数学这个东西，真要说得透彻些，离开了符号，简直没有办法说清楚。你初学代数的时候，总有些日子，对于 a, b, c, x, y, z 是想不通的，觉得它们和你用惯的 1，2，3，4……有些区别。自然，说它们完全一样，是有点儿靠不住的，你去买白菜，说要 x 斤，别人只好鼓起两只眼睛瞪着你。但你用惯了，做起题来，也就不会感到它们有什么差别了。

数学就是这么一回事，这篇文章里尽量避去符号的运用，只是为了向那些不喜欢或是看不惯符号的朋友说一些数学的概念，所以有些非用符号不可的东西，只好不说了！

朋友！你若高兴，想在数学的园地里玩耍的话，请你多多练习使用符号的能力。你见到一个人直立着，两手向左右平伸，不要联想到那是钉死耶稣的十字架，你就想象他的两臂恰好是水平线，他的身体恰好是垂直线。假如碰巧有一只苍蝇从他的耳边斜飞到他的手上，那更好，你就想象它是在那里运动的一点，它飞过的路线，便是一条曲线。这条曲线表示一个函数，可以求它的诱导函数，又可以求这诱导函数的诱导函数，这就是苍蝇飞行的速度和加速度了！

十三、集合论

科学的进展，有一个共通且富有趣味的倾向，这就是，每一种科学诞生以后，科学家们便拼命地使它向前发展，正如大获全胜的军人遇见敌人总要穷追到山穷水尽一般。穷追的结果，自然可以得到不少战利品，但后方空虚，却也是很大的危险。一种科学发展到一定程度，要向前进取，总不如先前容易，这是从科学史上可以见到的。因为前进感到吃力，于是有些人自然而然地会疑心到它的根源上面去。这一来，就要动手考察它的基础和原理了。前节不是说过吗？在数学的园地中近来就有人在后面背阴的一面去开垦。

一种科学恰好和一个人一样，年轻的时候，生命力旺盛，只知道按照自己的浪漫思想往前冲，结果自然进步飞快。在这个时期谁还有那么从容的工夫去思前想后，回顾自己的来路和家属呢？一直奋勇前进，只要不碰壁绝不愿掉头。一种科学从它的几个基本原理或法则建立的时候起，科学家总是替它开辟领土，增加实力，使它光芒万丈、傲然自大。

然而，上面越阔大，下面的根基就必须越牢固，不然头重脚轻，岂不要栽跟头吗？所以，对于营造科学园地，到了一个范围较大、内容繁多的时候，建筑师对于添造房屋就逐渐慎重、踌躇起来了。倘使没有确定它的基石牢固到什么程度，扩大的工作便不敢贸然动手。这样，开始将他们的事业转一个方向去进行：将已经做成的工作全部加以考察，把所有的原理拿来批评，将所用的论证拿来估价，仔细去证明那些用惯了的、极简单的命题。他们对于一切都怀疑，若不是重新经过更可靠、更明确的方法证明那结果并没有差异，即使是已经被一般人所承认的，他们也不敢遽然相信。

一般来说，数学的园地里的建筑都比较稳固，但是许多工匠也开始怀疑它并从根底着手考察了。就是大家都深信不疑的已知的简单的证明，也不一定就可以毫不怀疑。因为推证得不完全或演算得错误，不免会混进一些错误到科学里面去。重新考察，确实有这个必要。

为了使科学的基础更加稳固，将已用惯的原理重新考订是非常重要的工作。无论是数学还是别的科学，它的进展中常常会添加一些新的意义进去，而新添加的意义又大半是全凭直觉。因此有些若是严格地加以限定，就变成不可能的了。比如说，一个名词，我们在最初给它下定义的时候，总是很小心、很精密，也觉得它足够完整了。但是用来用去，它所解释的东西，不自觉地逐渐变化，结果简直和它本来的意义相差悬殊。我来随便举一个例子，在逻辑上讲到名词的多义的时候，就一定会讲出许多名词，它的意义逐渐扩大，而许多词义又逐渐缩小，只要你肯留心，随处都可找到。"墨水"，顾名思义就是把黑的墨溶在水中的一种液体，但现在我们却常说红墨水、蓝墨水、紫墨水等。这样一来，墨水的意义已全然改变。对于旧日用惯的那一种词义，倒要另替它取个名字叫黑墨水。墨本来是黑的，但事实上必须在它的前面加一个形容词"黑"，可见现在我们口中所说的"墨"，已不一定含有"黑"这个性质了。日常生活上的这种变迁，在科学上也不能避免，不过没有这么明显罢了。

其次，说到科学的法则，最初建立它的时候，我们总觉得它若不是绝对的，而是相对的，在科学上的价值就不大。但是我们真能够将一个法则拥护着，使它永远享有绝对的力量吗？所谓科学上的法则，它是根据我们所观察的或实验的结果归纳而来的。人力是有限的，哪儿能把所有的事物都观察到或实验到呢？因此，我们不曾观察到和实验到的那一部分，也许就是我们所认为的绝对的法则的死对头。科学是要承认事实的，所以科学的法则，有时就有例外。

我们还是来举例吧！在许多科学常用的名词中，有一个名词，它的意义究竟是什么，非常不容易严密地规定，这就是"无限"。

抬起头望天空，白云的上面还有青色的云，有人问你天外是什么，你只好回答他"天外还是天，天就是大而无限的"。他若不懂，你就要回答，天的高是"无限"。暗夜看闪烁的星星挂满了天空，有人问你它们究竟有多少颗，你也只好说"无限"。然而，假如问你"无限"是什么意思呢？你怎样回答？你也许会这样想，就是数不清的意思。但我却要和你纠缠不清了。你的眉毛数得清吗？当然是数不清的。那么你的眉毛是"无限"的吗？"无限"和"数不清"不完全一样，是不是？所以我们平常用"无限"这个词时，确实含有一个不能理解，或者说不可思议的意思。换句话说就是超越我们的智力以上，简直是我们的精神的力量的极限。要说它奇怪，实在比上帝和"无常"还奇怪。假如真有上帝，我们知道他会造人，会奖善罚恶，而且还可以大概想象出他的样子，因为人是照着他的模样造出来的。至于"无常"，我们知道他很高，知道他戴着高帽子，知道他穿着白衣服，知道他只有夜晚才出来，知道他无论天晴、下雨，手里总拿着一把伞。嗬！这是鬼话，上帝、"无常"我不曾见过，但是无论哪个人说到他，都能说出点儿眉目。至于"无限"，有谁能描摹一下呢？

"无限"真是一个神奇的东西，平常说话会用到它，文学、哲学上也会用到它，科学上那就更不用说了。不过，平常说话本来全靠彼此心照，不必太认真，所以马虎一点儿满不在乎。就是文学上，也没有非要给出一个精确的意思的必要。在文学作品里，十有八九是夸张，"白发三千丈"，李白的个儿究竟有多高？但是在哲学上，就因为它的意义不明，所以常常出岔子，在数学上也就时时生出矛盾来。

在数学的园地中，对于各色各样的东西，我们大都眉目很清楚，却被这"无限"征服了。站在它的面前，总免不了要头昏眼花，它是多么神秘的东西啊！

虽是这样，数学家们还是不甘屈服，总要探索一番，这里便打算大略说一说，不过请先容许我来绕一个弯儿。

这一节的题目是"集合论"，我们就先来说"总集"这个词在这里的意义。比如有些相同的东西或不相同的东西在一起，我们只计算它们的件数，不管它们究竟是什么，这就叫它们的"总集"。比如你的衣兜里放有三个"袁头币"、五只"八开"和十二个铜子，不管三七二十一，我们只数它叮叮当当响着的一共是二十个，这二十就称为含有二十个单元的总集。至于这单元的性质我们不必追问。又比如你在教室里坐着，有男同学、女同学和教师，比如教师是一个，女同学是五个，男同学是十四个，那么，这个教室里教师和男、女同学的总集，恰好和你衣兜里的钱的总集是一样的。

朋友！你也许正要打断我的话，向我追问了吧？这样混杂不清的数目有什么用呢？是的，当你学算术的时候，你的先生一定很认真地告诉你，不是同种类的量不能加在一起，三个男士加五个女士得出八来，非男非女，又有男有女，这是什么话？三个"袁头币"加五只"八开"得出八来，这又算什么？算术上总叫你处处小心，不但要注意到量要同种类，而且还要同单位才能加减。到了现在我们却不管这些了，这有什么用场呢？

它的用场吗？真是太大了！我们就要用它去窥探我们难理解的"无限"。其实，你会起那样的疑问，实在由于你太认真而又太不认真。你为什么把"袁头币""八开""铜子""男""女""学生""教师"的区别看得那么大呢？你为什么不从根本上去想一想，"数"本来只是一个抽象的概念呢？我们只关注这抽象的数的概念的时候，你衣兜里的东西的总集和你教室里的人的总集，不是一样的吗？假如你衣兜里的钱，并不预备拿去买什么吃的，只用来记一个对你来说很重要的数，那么它不就够资格了吗？"二十"这个数就是含有二十件单元，而不管它们的性质，所得出来的"总集"。

数的发生可以说是由于比较，所以我们就来说总集的比较法。比如在这里有两个总集，一个含有十五个单元，我们用 $E15$ 表示，另外一个含有十个单元，用 $E10$ 表示。

现在来比较这两个总集，对 $E10$ 当中的各个单元，都从 $E15$ 当中取一个来和它成对，这是可以做到的，是不是？但是，假如对 $E15$ 当中的各个单元，都从 $E10$ 当中取一个来和它成对，做到第十对，就做不下去了，只好停止了。可见，掉一个头是不可能的。在这种情形的时候，我们就说："$E15$ 超过 $E10$。"或是说："$E15$ 包含 $E10$。"或者说得更文气一些："$E15$ 的次数高于 $E10$ 的。"

假如另外有两个总集 Ea 和 Eb，虽然我们"不知道 a 是什么"，也"不知道 b 是什么"，但是我们不仅能够对 Eb 当中的每一个单元，都从 Ea 中取一个出来和它成对，而且还能够对 Ea 当中的每一个单元都从 Eb

中取一个出来和它成对。我们就说，这两个总集的次数是一样的，它们所含的单元的数相同，也就是 a 等于 b。前面不是说过你衣兜里的钱的总集和你教室里的人的总集一样吗？你可以从衣兜里将钱拿出来，分给每人一个。反过来，每个钱也能够不落空地被人拿去。这就可以说这两个总集一样，也就是你的钱的数目和你教室里的人的数目相等了。

我想，你看了这几段一定会笑得岔气的，这样简单明了的东西，还值得一提吗？不错，$E15$ 超过 $E10$，$E20$ 和 $E20$ 一样，三岁大的小孩子都知道。但是，朋友！你别忘啦！这只是用来做例，来说明白我们的比较法。因为数目简单，两个总集所含单元的数，你通通知道了，所以觉得很容易。但是这个比较法，就是对于不能够知道它所含的单元的数的也可以使用。我再来举几个通常的例子，然后回到数学的本身上去。

你在学校里，口上总常讲"师生"两个字，不用说耳朵里也常听得到。"师"的总集和"生"的总集，（不只就一个学校说）就不一样。古往今来，"师"的总集和"生"的总集是什么，没有人回答得出来。然而我们却可以想得到，每一个"师"都给他一个"生"要他完全负责任这是可能的。但若要每一个"生"都替他找一个专一只对他负责任的"师"那就不可能了，所以这两个总集不一样。因此，我们就可以说"生"的总集的次数高于"师"的总集的。再举个例子，比如父和子，比如长兄和弟弟，又比如伟人和丘八[1]，这些两个两个的总集

[1] 旧时对兵的称呼，含贬义。

都不一样。要找一个总集相等的例子，那就是夫妻俩，虽然我们并不知道全世界有多少个丈夫和多少个妻子，但有资格被称为丈夫的必须有一个妻子伴着他。反过来，有资格被人称为妻子的，也必须有一个丈夫伴着她。所以无论从哪一边说，"一对一"的关系都能成立。

好了！来说数学上的话，来讲关于"无限"的话。

我们来想象一个总集，含有无限个单元，比如整数的总集：1，2，3，4，5……n，（$n+1$）……

这是非常明白的，它的次数比一切含有有限个数单元的总集都高。我们现在要紧的是将它和别的无限总集比较，就用偶数的总集吧：2，4，6，8，10……$2n$，（$2n+2$）……

这就有些趣味了。照我们平常的想法，偶数只占全整数的一半，所以整数的无限总集当然比偶数的无限总集次数要高些，不是吗？十个连续整数中，只有五个偶数，一百个连续整数中也不过五十个偶数，就是一万个连续整数中也还不过五千个偶数，总归只有一半。所以要成"一对一"的关系，似乎有一面是不可能的。然而，你错了，你不能单凭有限的数目去想，我们现在是在比较两个无限的总集呀！"无限"总有些奇怪！我们试将它们一个对一个地排成两行：

1，2，3，4，5……n，（$n+1$）……

2，4，6，8，10……$2n$，（$2n+2$）……

因为两个都是"无限"，我们自然不能把它们通通写出来。但是我们可以看出来，第一行有一个数，只要用2去乘它就得出第二行中和它相对的数来。掉一个头，第二行中有一个数，只要用 2 去除它，也就得出第一行中和它相对的数来。这个"一对一"的关系不是无论用哪一行做基础都可能的吗？那么，我们有什么权利来说这两个无限总集不一样呢？

整数的无限总集，因为它是无限总集中最容易理解的一个，又因为它可以由我们一个一个地列举出来（由于永远举不尽），所以我们替它取一个名字叫"可枚举的总集"（L' ensemble dé- nombrale）。我们常常用它来做无限总集比较的标准，凡是次数和它相同的无限总集，都是"可枚举的无限总集"——单凭直觉也可以断定，整数的无限总集在所有的无限总集当中是次数最低的一个，它可以被我们用来做比较的标准，也就是这个缘故。

在无限总集当中，究竟有没有次数比这个"可枚举的无限总集"更高的呢？我可以很爽快地回答你一个"有"字。不但有，而且想要多少就有多少。从这个回答中，我们对于"无限"算是有些认识了，不像以前一样模糊了。这个回答，我供认不讳地说，也是听来的。康托尔是最初提出它来的，这已是三十多年前的事了。在数学界中，他是值得我们崇敬的人物，他所创设的集合论，不但在近代数学中占了很珍贵的几页，还开辟了数学进展的一条新路径，使人不得不对他铭感五内！

人间的事，说来总有些奇怪，无论什么，不经人道破，大家便很懵懂。一旦有人凿穿，顿时人人都恍然大悟了。在康托尔以前，我们只觉得无限就是无限，"吾生也有涯"[1]，弄不清楚它就算了。但现在想起来，实在有些可笑，无须什么证明，我们有些时候也能够感觉到，无限总集是可以不相同的。

再来举个例子：比如前面我们用来决定点的位置的直线，从 O 点起，尽管伸张出去，它所包含的点就是一个无限总集。随便想去，我们就会觉得它的次数要比整数的无限总集的高，而从别的方面证明起来，也验证了我们的直觉并没有错。这样说来，我们的直觉很值得信赖。但是，朋友！你不要太乐观呀，在有些时候，纯粹的直觉就会叫你上当的。

你不相信吗？比如有一个正方形，它的一边是 AB。我问你，整个正方形内的点的总集，是不是比单只一边 AB 上的点的总集的次数要高些呢？凭我们的直觉，总要给它一个肯定的回答，但这你上当了，仔细去证明，它们俩的次数恰好相等。

总结以上的话，你记好下面的基本的定理："若是有了一个无限总集，我们总能够做出一个次数比它高的来。"

要证明这个定理，我们就用整数的总集来做基础，那么，所有"可枚举的无限总集"也就不用再证明了。为了说明简单些，我只随意再用一个总集。

照前面说过的，整数的总集是这样：1，2，3，4，5……n，

---

[1] 出自《庄子》，意为人生是有限的。

（$n+1$）……就用 E 代表它。

凡是用 E 当中的单元所做成的总集，无论所含的单元的数有限还是无限，都称它们为 E 的"局部总集"，所以：

17，25，31

2，5，8，11……2+3（$n-1$）……

1，4，9，16……n^2……

这些都是 E 的局部总集，我们用 P_n 来代表它们。

第一步，凡是用 E 的单元能够做成的局部总集，我们都将它们做尽。

第二步，我们就来做一个新的总集 C，C 的每一个单元都是 E 的一个局部总集 P_n，而且所有 E 的局部总集全都包含在里面。这样一来，C 便成了 E 的一切局部总集的总集。

你把上面的条件记清楚，我们已来到要证明的重要地步了。我们要证明 C 的次数比第一个总集 E 的高。因此，还要重复说一次，比较两个总集的法则，你也务必将它记好。

我们必须要对于 E 的每一个单元都能从 C 当中取一个出来和它成对。实际上只要依下面的方法配合就够了：

1，2，3，……n……（E）

（1，2）（2，3）（3，4）……（n，$n+1$）……（C 的一部分）

从这样的配合法中可以看出来，第二行只用到 C 单元的一部分，所以 C 的次数或是比 E 的高或是和 E 的相等。

我们能不能转过头来，对于 C 当中的每一个单元都从 E 当中取出一个和它成对呢？

假如能做到，那么 E 和 C 的次数是相等的。

假如不能做到，那么 C 的次数就高于 E 的。

我们无妨就假定能够做到，看会不会碰钉子！

算这种配合法的方法是有的，我们随便一对一对地将它们配合起来，写成下面的样子：

P_1，P_2，P_3……P_n……（C）

1，2，3……n……（E）

单就这两行看，第一行是所有的局部总集，就是所有 C 的单元都来了（因为我们要这样做）。第二行却说不定，也许是一切的整数都有，也许只有一部分。因为我们是对着第一行的单元取出来的，究竟取完了没有还说不定。

这回，我们来一对一地检查一下，先从 P_1 和它的对儿 1 起。因为 P_1 是 E 的局部总集，所以包含的是一些整数，现在 P_1 和 1 的关系就有两种：一种是 P_1 里面有 1，一种是 P_1 里面没有 1。假如 P_1 里面没有 1，我们将它放在一边。跟着来看 P_2 和 2 这一对，假如 P_2 里就有 2，我们就把它留着。照这样一直检查下去，把所有的 P_n 都检查完，凡是遇见整数 n 不在它的对儿当中的，都放在一边。

将这些检查后另外放在一边的整数，我们又可做成一个整数的总集。朋友！这点你却要注意，一点儿马虎不得！我们检查的时候，因为有些整数它的对儿里面已有了，所以没有放出来。由此可见，我们新做成的整数总集不过包含整数的一部分，所以它也是 E 的局部总集。但是我们前面说过，C 的单元是 E 的局部总集，而且所有 E 的局部总集全部包含在 C 里面了，所以这个新的局部总集也应当是 C 的一个单元。用 P_t 来代表这个新的总集，P_t 就应当是第一行 P_n 当中的一个，因为第一行是所有的单元都排在那儿的。

既然 P_t 已经应当站在第一行里了，就应当有一个整数或是说 E 的一个单元来和它成对。

假定和 P_t 成对的整数是 t。

朋友！糟了！这就碰钉子了！你若还要硬撑场面，那么再做下去。

在这里我们又有两种可能的情况：

第一种：t 是 P_t 的一部分，但是这回真碰钉子了。P_t 所包含的单元是在第一行中成对儿的单元所不包含在里面的整数，而 P_t 自己就是第一行的一个单元，这不是矛盾了吗？所以 t 不应当是 P_t 的一部分，这就到了下面的情况。

第二种：t 不是 P_t 的一部分，这有可能把钉子避开吗？不行，不行，还是不行。P_t 是第一行的一个单元，t 和它相对又不包含在里面，我们检查的时候，就把它放在一边了。朋友，你看，这多么糟！既然 t 被我们检查的时候放在了一边，而 P_t 就是这些被放在一边的整数的总集结果，t 就应当是 P_t 的一部分。

这多么糟！照第一种说法，t 是 P_t 的一部分，不行；照第二种说

法 t 不是 P_t 的一部分也不行。说来说去都不行，只好回头了。在 E 的单元当中，就没有和 C 的单元 P_t 成对的。朋友，你还得注意，我们将两行的单元配对，原来是随意的，所以要是不承认 E 的单元里面没有和 P_t 配对的，这种钉子无论怎样我们都得碰。

第一次将 E 和 C 比较，已知道 C 的次数必是高于 E 的或等于 E 的。现在比较下来，E 的次数不能和 C 的相等，所以我们说 C 的次数高于 E 的。

归到最后的结果，就是我们前面所说的定理已证明了，有一个无限总集，我们就可做出次数高于它的无限总集来。

无限总集的理论，也有一个无限的广场展开在它的面前！

我们常常都能够比较这一个和那一个无限总集的次数吗？

我们能够将无限总集照它们次数的顺序排列吗？

所有这一类的难题目以及其他关于"无限"的问题，都还没有在这个理论当中占有地盘。不过这个理论既然已经具有相当的基础，又逐渐往前进展，这些问题总有解决的一天，毕竟现在我们对于"无限"不会像从前一样感到惊奇和不可思议了！

老实说，数学家们无论对做这个理论的基础的一些假定，还是对从里面探究出来的一些悖论的解释，都还没有全部地理解。

然而，我们不用感到吃惊，一种新的理论产生正和一个婴儿的诞生一样，要他长大做一番惊人的事业，养育和保护都少不了！